AF567567

Hirsche

Ein Portrait
von
Wilhelm Bode

NATURKUNDEN

Für Hertantio

NATURKUNDEN № 46

herausgegeben von Judith Schalansky
bei Matthes & Seitz Berlin

Inhalt

Portraits

Majestät des Waldes oder doch nur ein Don Quijote?

Der Auftritt des schweigend vorbeiziehenden Königs des Waldes mit gekröntem Haupt über praller Brunftmähne wird von einem Siegesmarsch begleitet. Ein majestätischer Auftritt – Worte sind für den Herrscher, Bambis Vater, überflüssig! Nur Bambi haucht mit zarter Stimme: »Warum standen denn alle still, als er auf der Wiese war?« Seine Mutter antwortet voller Ehrfurcht: »Sie haben alle Respekt vor ihm, denn von allen Tieren im Walde ist keiner so erfahren und klug wie er. Er ist der Mutigste; er ist sehr weise und darum ordnen sich ihm auch alle unter.« Walt Disney führt mit dieser Szene die Majestät des Waldes, einen Weißwedelhirsch, in seinen *Bambi*-Film ein. Ich sah den Film 1954 im Alter von sieben Jahren, im Kino meines Vaters, den Röhrtal-Lichtspielen, erbaut von meinem 1946 verstorbenen Großvater in den Zwanzigerjahren, und mir liefen die Tränen die Backe herunter trotz des scheinbaren Happy Ends.

Mein Großvater repräsentierte die dritte Generation der Familie, die die Abschaffung des Jagdregals seit 1848 zur Bauernjagd nutzte, und die erste, die nach 1934 zu Trophäenjägern wurde. Ich selbst, die fünfte Jägergeneration, erbte von ihm und meinem Vater zahllose Rehgehörne. Aber kein einziges war vor 1934 datiert. Obwohl stramme Parteigänger, standen sie 1934 dem Reichsjagdgesetz Hermann Görings zunächst eher skeptisch gegenüber. Widerwillig statteten sie sich deswegen mit teuren Jagdbüchsen aus, denn der gewohnte Schrotschuss mit der Bauernflinte auf Rehwild wurde nun untersagt. Überhaupt wurde das fröhliche Beutemachen der Bauern mit der gesetzlichen Einführung eines amtlichen Jagdscheins, der auch wieder entzogen werden konnte, und mit dem pseudofeudalen Jagdstil der Förster deutlich eingeschränkt. Gehegt wurde ab nun mit Schonzeiten, Fütterungspflicht und amtlichen Abschussplänen nach Geweihklassen. Mein Großvater, obwohl Monarchist und dann Deutschnationaler, begrüßte schlussendlich diese *neue* Zeit, legte aber weiter die Jagdstrecke nach seinem Geschmack und nicht in Reih und Glied, mit Bruchzeichen und letztem Bissen, wie es Reichsjägermeister Göring mit den frei erfundenen sogenannten Deutschen Jagdtraditionen verordnete. Ich kann mich noch erinnern, dass sich Großmutter und meine resolute Mutter über die Staubfänger, die von ihnen als Knochen titulierten Gehörne, beklagten. Sie verteidigten das private Wohnzimmer als jagdfreie Zone. Und die Räume des großväterlichen Gasthauses wurden stattdessen zur ›Knochenschau‹ freigegeben. Dort hingen also der letzte Auerhahn des Arnsberger Waldes, den mein Großvater 1929 erlegt hatte, und die typisch mickrigen Rehwildkronen in gewaltiger Zahl. Rotwild gab es dank der Bauernjagd schon seit Mitte des 19. Jahrhunderts im westlichen Sauerland nirgends mehr, denn es war nach 1848 mit der Flinte ausgerottet worden. Aber Görings Reichsjagdgesetz ließ manche Weidmänner nach 1934 auf Besserung hoffen. Dahinter verbarg sich die sogenannte weidgerechte Trophäenjagd, das heißt der selektive Wahlabschuss, der nahtlos dem Gedanken der Rassenhygiene der Nazis entsprach. Das vormals bäuerliche Beutemachen des

Erfolgreiche Bauernjagd 1924 (in der Mitte mein Großvater Heinrich Bode, links neben ihm mein Onkel Heini und kniend links mein Vater Willy).

Fleisches wegen wurde gesetzlich erschwert, und der Jäger trat an die Stelle der natürlichen Selektion, also quasi der Evolution. Er sortierte fortan Rehbock und Hirsch nach Trophäenklassen und entschied, ob es ein gut oder schlecht veranlagter Erbträger war. Das Urteil wurde von ihm gottgleich vollstreckt, nämlich von oben, dem Hochsitz herab. »Wahl vor Zahl« heißt die Devise bis heute.

Die Reviere waren während des Endsiegs und danach leer geschossen, darum bedurfte es nicht nur des Wiederaufbaus der Städte, sondern auch der Wildbestände. Da kam der populäre *Bambi*-Film, zeitgleich zur Wiederbewaffnung der Weidmänner 1947, gerade recht. Der Schutz von und die Sorge um das Jungwild, repräsentiert durch das Bambi – ironischerweise ein amerikanischer Weißwedelhirsch, also quasi ein Besatzungsangehöriger –, wurden zur Ikone systematischer Schalenwildhege. Tatsächlich verbirgt sich dahinter die naheliegende Absicht, durch Schonung des Jungwildes und der Muttertiere später mehr Strecke zu machen, also zu schonen, um später zu schießen. – Für den Erfolg der Bambi-Mentalität in der kriegsmüden Nachkriegsgesellschaft spielte ein weiterer Zufall eine besondere Rolle: 1948 stiftete der französische Oberkommandierende einen noch namenlosen Filmpreis in Form der lebensecht gestalteten Figur eines possierlichen Rehs. Der Preis wurde Marika Rökk in ihrem Privathaus überreicht, wo ihre vierjährige Tochter ihn sah und ausrief: »Das ist ja Bambi!« Der zugkräftige Name für den fortan zentralen deutschen Publikumspreis war geboren.

Disneys *Bambi* kam im selben Jahr in die deutschen Kinos und avancierte zum pädagogisch wertvollen Schulfilm. Unser

Kino wurde von den Volksschulen meines Heimatortes komplett für alle Schüler zur Unterrichtszeit ausgebucht. 350 Schüler waren mucksmäuschenstill und ergriffen. Sie gingen mit roten Bäckchen überglücklich nach Hause. Nie zuvor war mit solchem Aufwand versucht worden, menschliches Schicksal filmisch in die Tierwelt zu projizieren. Es gelang Walt Disney, das Schicksal Bambis mit seinen tragischen Höhen und Tiefen auf dem Weg des Erwachsenwerdens körperlich erfahrbar zu machen. *Bambi* schrieb Filmgeschichte im kriegszerstörten Deutschland, weil er die herzzerreißende Geschichte eines herrschaftlichen Waisenkindes erzählt, dessen Mutter aus heiterem Himmel zu Tode kommt. Es ist die Geschichte einer heilen Prinzen-Welt, die zusammenbricht, trotz allem weitergeht und Hoffnung auf bessere Zeiten macht.

Nach Bambis Begegnung mit dem Vater folgt im Film ein Set ungestörter Waldidylle. Doch dann kommt Unruhe auf. Die Mutter mahnt Bambi, so schnell ein Prinzen-Hirsch nur springen kann, zu fliehen. Nach gewaltiger Anstrengung erreicht Bambi erschöpft das Dunkel des Waldes. Außer Atem – geschafft! Doch wo ist Bambis Mutter? Der Film zeigt nur ihre Spuren im Schnee, dann fällt ein Schuss … und Bambi ist verstört und ruft flehentlich nach ihr. Da tritt sein Vater ein zweites Mal auf und sagt mit sonorer Stimme: »Du brauchst auf deine Mutter nicht mehr zu warten. Die Jäger haben sie …« An dieser Stelle versagt ihm die Stimme. »Du musst jetzt tapfer sein und lernen, auf dich selbst aufzupassen. Komm, mein Sohn!« Es ist diese wortkarge, einfühlsame Szene, die den Film laut Kritik unsterblich macht. Mit meinen unschuldigen sieben Jahren ließ sie mich regelrecht erschauern – vor dem Erwachsenwerden.

Gegen Ende des Films sehen wir Bambi als hübsches Hirschlein mit kleinem Geweih frisch verliebt mit Schmetterlingen im Bauch. Doch Rauchfahnen von einem Lagerfeuer mahnen in der Ferne, dass das todbringende Unheil zurück ist. Zusammen mit Bambi war ich wieder vor Angst wie gelähmt. Da erscheint erneut sein Vater und zeigt, worauf es ankommt. Zuvorderst hat der Herrscher des Waldes zu fliehen, nämlich mit ganzer Kraft, *par force* wie es in der Jagd heißt, um dem noch größeren Herrscher so schnell wie möglich in gewaltigen Fluchten zu entkommen. Diese Flucht erinnerte nicht zuletzt an den Krieg mit seinen Zerstörungen, Opfern und der Vertreibung zahlloser Menschen. Sie gelingt, und die Schlussszene zeigt Bambi als Prinz, bekrönt mit einem kleinen Geweih neben seinem königlichen Vater. Beide blicken, thronend auf einem Felsvorsprung, mit stolz geschwellter Brust auf ihr untertäniges, friedlich schlummerndes Waldreich. Ende gut, alles gut – fühlte ich erleichtert.

Erst als Erwachsener empfand ich den majestätischen Selbstbetrug der Szene. Das Bild eines Don Quijote kam mir in den Sinn und ließ mich schaudern angesichts der Waldwirklichkeit edler Hirsche. Sie sind in der Kulturgeschichte das meistverfolgte Beuteobjekt und werden es auch in Zukunft sein. Diese gnadenlose Jagd *par force* erleiden sie gerade wegen ihrer Geweihkronen, dem sogenannten Kopfschmuck. Der würde sie wohl nur dann zur echten Majestät des Waldes erheben, wenn es den Jäger nicht gäbe. Don Quijote de la Mancha, die Hauptfigur des zentralen Werks der Weltliteratur, unterliegt dem gleichen Realitätsverlust als *letzter Ritter von der traurigen Gestalt* wie Bambi und sein Vater am Ende des Films beim selbst-

Walt Disneys Bambi I *(1942/1947): Unter den Klängen eines Siegesmarsches und mit praller Brunftmähne zieht Bambis Vater, der König des Waldes, an Bambi und seiner Mutter vorbei.*

zufriedenen Blick auf ihr schlummerndes Waldreich. Hier wie dort sind sie stolz, ja Ehrfurcht einflößend, und doch auf tragikomische Weise realitätsfremd.

Der Edelmann und spanische Nationaldichter Miguel de Cervantes trug schon kraft Geburt seinen klangvollen Namen, nämlich das spanische Wort für Hirsch. Auch der Name einer von ihm behaupteten Quelle für den Roman verweist auf den Hirsch: der Nachname des arabischen Chronisten – Cide Hamete Benengeli bedeutet übersetzt ›Sohn des Hirsches‹. Ist das Zufall, möchte man fragen, wenn man sich dem Thema Hirsch nähert. Verbirgt sich hinter der Geschichte des *Ritters von der traurigen Gestalt* eine Analogie zur Rolle des Hirsches in der genauso tragischen Jagdgeschichte? Ist sein Name ein verräterischer Hinweis auf die verborgene Metapher – gar auf Cervantes und sein Leben?

Der spanische Titel des Romans lautet *El ingenioso hidalgo Don Quixote de la Mancha*; übersetzt: *Der sinnreiche Edelmann Don Quijote von der Mancha.* Tatsächlich handelt er vom zeitlosen Konflikt jedes Lebens, dem von Schein und Sein, von Traum und Wirklichkeit oder von Ideal und Realität. Eben daran erinnert uns die monarchische Rolle des edlen Hirsches im *Bambi*-Film. Der Grundwiderspruch seines Lebens wird, wie beim Edelmann von der Mancha, nicht entschieden, denn Disney lässt uns mit der Frage allein: Ist der edle Hirsch ein Narr oder doch nur ein seinem herrschaftlichen Leben ausgeliefertes Opfer?

Es ist die Krone des Hirsches, das Geweih, welches Fragen aufwirft. Als Waffe zum Angriff dient es nicht, auch wenn es vom Jäger fälschlich als Stirnwaffe bezeichnet wird. Die Flucht zieht der Hirsch grundsätzlich der Verteidigung vor. Erst im letzten Moment wird das Geweih zur Waffe, wenn sein Leben nicht mehr zu retten ist. Gleichwohl wird es jährlich mit einem Energieaufwand sondergleichen erneuert, um schon kurze Zeit nach seiner Prachtentfaltung abgeworfen zu werden und den winzigen Waldmäusen als Salzquelle zu dienen. Ohne Geweih bietet der vorher vor Männlichkeit strotzende Hirsch das jämmerliche Bild eines heruntergekommenen Edelmanns wie Don Quijote, der *Ritter von der traurigen Gestalt.* Er ist eher bemitleidenswert: wie er fühlt und sich darum vor seinen Artgenossen verkriecht, bis er wieder mit Geweih erstrahlt. Viel

Aufwand für die kurze Zeit des Imponierens während seiner sexuellen Herrschaft über das Kahlwildrudel. Und ausgerechnet deswegen trachtet ihm die Trophäenjagd nach dem Leben – just im Zenit seiner Herrschaftspracht als sexhungriger Macho. Es ist für ihn, den Kronenträger, ein hoffnungsloser Kampf um die Imposanz seines sekundären Geschlechtsmerkmals, der immer zu seinen Lasten ausgeht. Ein atavistischer Kampf unter Ungleichen, weil der Mächtige grundsätzlich dem Mächtigeren unterliegt und mit dem Leben zu zahlen hat. Und es ist nach jägerischem Selbstverständnis seine geborene Rolle als Königsopfer, die ihn kulturgeschichtlich zum Kristallisationspunkt von Mythen und Sagen und zum Objekt bildnerischer Darstellung seit frühester Zeit macht.

Disney verzichtete bewusst auf die leibhaftige Darstellung der Jäger. Sie sind imaginär und stehen für das Unheil, das aus heiterem Himmel zuschlägt wie ein Deus ex Machina in der griechischen Tragödie. Nur dass am Ende kein wirklich obsiegender Held aus erlösender Katharsis hervorgeht. Wie ein Schicksalsschlag kann der Deus ex Machina, der Jäger, in die heile Waldwelt des Hirsches zurückkommen. Die Jagd ist sein Karma, aus dem es kein Entrinnen gibt! Diese Abstraktion des Unheils an sich weicht von der 1926 von Felix Salten verfassten gleichnamigen Buchvorlage des Films deutlich ab. Diese erzählt von einem kleinen Rehkitz, das erlebt, dass auch der Jäger wie alle Tiere des Waldes einer höheren Macht unterliegt. Salten weitet im Gegensatz zu Disney unseren Blick auf diese gemeinsame Endlichkeit von Tier und Mensch. Er aktiviert Hirsch und Reh als Metaphern für Tod, Leid und Transzendenz. Das markiert eine weitere Facette des Hirschmotivs in der Kulturgeschichte. Der Hirsch bleibt als gehetztes Oper mit seinem Jäger verbunden und gleichermaßen in seine Rolle eingesperrt. Dieses Buch fordert darum, ihn zum tierischen Moderator zwischen den widerstreitenden Interessen von Jägern, Landwirten, Tier- und Naturschützern, Förstern und Agrarpolitikern zu machen, um das unvergleichlich schöne und imposante Wildtier aus seinem Zwangsareal zu befreien und es wieder in einer echten Kulturlandschaft antreffen zu können – also aus ihm wieder einen König in Feld, Wald und Flur zu machen.

Es ist Frida Kahlo, die große mexikanische Malerin des 20. Jahrhunderts, die die Metapher des leidenden Hirsches zeitgleich zum *Bambi*-Film bildnerisch wiederbelebte. Ihr Selbstbildnis *Der verletzte Hirsch* wurde ungeachtet des Miniaturformats ihr berühmtestes Werk. Die eigenwillig zwischen Surrealismus und Neuer Sachlichkeit changierende Malerin führte ein Leben, welches von körperlichen Gebrechen und bitteren Enttäuschungen gezeichnet war. Ihren Schmerz ertränkte sie, zeitweise an den Rollstuhl gefesselt, in Sucht und enttäuschten Liebesaffären. Sie erlag 1956 mit nur 47 Jahren einer Lungenembolie, kurz darauf wurde ihrem Werk internationale Anerkennung zuteil. Wegen ihres rebellischen und nationalistischen Sendungsbewusstseins liest sich ihr Leben trotz eisernen Durchhaltewillens wie eine Todessehnsucht. Dem verleiht sie im Bild des gequälten Hirsches Ausdruck. Er ist Metapher ihres Lebens und ihrer Hoffnung auf eine bessere Welt. Das Gemälde zeigt sie als Zwitter im gewaltigen Sprung, schwebend aus einem toten Wald in eine zartgrüne Zukunft. Die Schicksalspfeile, die ihren Körper treffen, scheinen ihr nichts anzuhaben,

Frida Kahlo, Der verletzte Hirsch, *1946. Die neun Pfeile stehen für die neun großen Prüfungen, die Frida Kahlo in ihrem Leben zu bestehen hatte.*

was ihr trotziger Blick signalisiert. Sie erträgt alle Schmerzen dieser Welt wie ein Hirsch, der sich nicht zur Strecke bringen lässt. Dieses Gemälde wurde berühmt, weil es die Hirschmetapher der Antike in moderner Formensprache wiederbelebte. Ihr Gemälde steht am Anfang der Hirschsymbolik moderner Künstler nach ihr, wie beispielsweise Joseph Beuys. Ihr gelingt damit ein meisterhafter Startschuss moderner Hirschmalerei zu ebenjener Zeit, in der der Hirsch und sein Geweih durch Wilhelm II. und später Hermann Göring zum Zentralmotiv des schlechten Geschmacks und eines lodengrünen Machismo aufgestiegen waren. Kahlos Gemälde bildet einen Gegenpol zur

Popularisierung dieses deutschen Kitschmotivs schlechthin. Sie signierte ihr Selbstbildnis mit dem Synonym *Carma* und schenkte es ihren Freunden Arcady und Lina, die ihr Zuneigung und Aufnahme in der Not gewährt hatten – zusammen mit einer selbst verfassten »Ballade ohne Titel«, einem sogenannten *Corrido*:

Allein streift der Hirsch umher
sehr traurig und voller Wunden
bis er bei Arcady und Lina
Wärme und ein Nest gefunden.

Wenn der Hirsch einst wiederkehret
gestärkt, vergnügt und genesen
werden die Wunden von heute
alle längst vergessen sein.

Dank Euch, Kinder meines Lebens,
danke für all den Trost
im Wald des Hirsches
klärt sich schon der Himmel auf.

…

Edel von Geburt

Ich sollte zunächst etwas Vernünftiges lernen, meinte mein Vater, denn die Forstwirtschaft hielt er für eine Form beamteter Hobbyjägerei. Also zwang ich mich erst durch ein Studium der Rechtswissenschaft, dann kam die Forstwissenschaft – endlich. Als analytisch geschulter Forststudent kam allerdings das böse Erwachen schneller als erwartet. Mein Vater hatte nämlich den Nagel auf den Kopf getroffen. Nichts von dem, was an der Forstwissenschaftlichen Fakultät in Göttingen gelehrt wurde, schien mir zu Ende gedacht. Kurz vor dem Entschluss, mein Neigungsstudium doch wieder aufzugeben, lernte ich den damals bundesweit bekannten Forstmann Georg Sperber, einen Forst- und Jagdrevolutionär, kennen, der später mein Spiritus Rector werden sollte. Sperbers Auffassungen schienen mir forstlich und jagdlich schlüssig, ja von der Natur vorgegeben zu sein. Sie ließen alles, was ich an der Universität über Forstwissenschaften gelernt hatte, wie pure Ideologie aussehen. Die grüne Zunft hatte in meinen Augen jeden Gedanken, der ihrem Paradigma widersprach, mithilfe facheigener Ideologeme ausgegrenzt. Sie besetzten die fachlichen Denkschemata, ja das gesamte Lehrgebäude. Das gilt vor allem für ihren Blick auf den eigenen Försterwald aus immer gleich alten Bäumen, den sogenannten Altersklassenwald. Forstakademiker lernen bis heute nicht, ihre naturfernen Monokulturen zu hinterfragen oder zu analysieren. Das gilt genauso für Jäger, die die weidgerechte

Sir Edwin Henry Landseer, Hirsche im Hochland, *1802. Sein Gemälde ist eine Metapher auf die britische Monarchie und ihre Gesellschaft.*

Trophäenjagd als angeblich jahrhundertealtes Kulturgut erlernen und nicht infrage stellen dürfen. Fortan interessierte mich nur noch die naturnahe Waldwirtschaft auch als Lebensraum unserer Wildtiere. Sie ist nämlich nicht eine Natur-, sondern eine Kulturlandschaft.

Bis auf Australien besiedeln Hirsche mit zahllosen Arten und Unterarten alle Erdteile und Klimazonen. Man könnte meinen, ihnen gehört die Welt, und sie haben sie sich untertan gemacht – eine geborene Herrscherfamilie! Niemand hat diese Herrschaftsanalogie besser in Szene gesetzt als der Hofmaler von Königin Victoria, Sir Edwin Henry Landseer, der Begründer der populären Hirschmalerei des 19. Jahrhunderts. In seinem Gemälde *Hirsche im Hochland* reckt der Hirsch sein Geweih zum Betrachter gewandt in den Himmel. Man schaut zwangsläufig aus der Froschperspektive aufwärts und wird zum Untertan. Selbst der Hase nimmt Haltung vor dem König der Berge an. Die Hirschdamen seines Gefolges hingegen wenden sich entweder gelassen dem Betrachter zu oder blicken zum Greif am Himmel, der ihnen als Einziger höher erscheint – eine Anspielung des Malers auf die über allen thronende Königin. Das sehr große Format im sakral abgerundeten Rahmen verstärkt das Majestätische. Es ist ein für Landseer typisches Genre, eine Analogie zur königstreuen Familie. Der Vater stand im britischen Kolonialreich über den Dingen des familiären Alltags und baute auf das Vertrauen der Seinen. Hirschbilder dieser Art haben allerdings in der nach Geschlechtern getrennt lebenden Hirschfamilie keinen Realitätsbezug. Sie sind künstlerisch konstruiert.

Zur zoologischen Familie der Hirsche (Cervidae) zählen 81 Arten mit zahlreichen Unterarten. Die Regel bilden die Geweih tragenden in offenen Naturlandschaften mit dem Elch an der Spitze mit acht Unterarten, unter denen der Alaska-Elch (*Alces alces gigas*) ein Lebendgewicht von ca. 800 Kilogramm und ein Geweihgewicht von 35 Kilogramm auf die Waage bringen kann.

Ich weiß ein Lied von seiner Mächtigkeit zu singen. Ich habe in der Alaska Range einen Elch zerlegt, ausgebeint und ihn in schwierigster Landschaft über 6 Meilen ans Boot getragen, um ihn nach Anchorage auszufliegen und das Fleisch dort zu verschenken. Man darf es in Alaska nicht zu Geld machen. Mit meinem Jagd-Guide Bruno schafften wir mit unseren Tragegestellen nur eine Tour am Tag – mit Müh und Not. Ich habe in den sechs Tagen dieser Mühsal Unvergessliches erlebt, etliche Kilo Köpergewicht verloren und hatte dabei Zeit, mir Gedanken über den Sinn der Jagd in Naturlandschaften zu machen.

Die zoologische Familie der Hirsche gehört zur Ordnung der Paarhufer und Unterordnung der Wiederkäuer. Deren Physiologie bestimmt ihre Lebensweise und befähigt sie zur Anpassung an die unterschiedlichsten Lebensräume. Als Wiederkäuer sind sie Pflanzenfresser, die schwer aufzuschließende Nahrung verwerten können. Dazu besitzen sie einen viergliedrigen Magen, mit dem sie unverdauliche Kohlenhydrate, wie zum Beispiel Cellulose, zunächst fermentieren und durch Kontraktion des Magens in der Ruhephase noch einmal in das Äser genannte Maul befördern, um sie nachzuzerkleinern und danach mithilfe von Enzymen zu verdauen. Als Wiederkäuer können sie sich das Pflanzenkleid der Erde in seiner schwerverdaulichen Vielfalt zunutze machen. Das zwingt sie allerdings, die Nahrungsaufnahme mit Ruhepausen zum Wiederkäuen zu unterbrechen. Alle drei bis fünf Stunden sind sie an diesen Rhythmus aus Äsen und Verdauen gebunden. Rund um die Uhr äsen, verdauen und dösen – halb wach, halb schlafend und immer gemächlich kauend, Kühen auf der Weide ähnlich. So will es ihre Natur als tagaktive Tiere.

Der Elch ist der gewaltigste Cervide, und seine Gestalt erinnert nicht zufällig an die graue Vorzeit aller Cerviden.

Ihr Geweih werfen Hirsche jährlich ab und erneuern es dann. Dieser Geweihzyklus ist das verbindende Merkmal, das sie von allen anderen Hornträgern zoologisch unterscheidet. Als Paarhufer haben sie an jeder Klaue zwei Schalen aus Hornsubstanz, die sich stammesgeschichtlich aus dem letzten Glied des dritten und vierten Zehs gebildet haben. Sie laufen damit quasi auf den Zehenspitzen und werden deshalb auch als Zehenspitzengänger bezeichnet. Je nachdem, wie weitgehend sich diese evolutive Veränderung im Knochengerüst ihrer Vorderbeine zeigt, werden sie in den Tribus Echte Hirsche (Altwelthirsche = Cervini) oder den der Trughirsche (Neuwelthirsche = Capriolini) eingeteilt. Von unseren europäischen Cerviden werden das Reh (*Capreolus capreolus*), der Elch (*Alces alces*) und das Ren (*Rangifer tarandus*) den sogenannten Trughirschen zugeordnet, während der Rothirsch (*Cervus elaphus*) und der Damhirsch (*Dama dama*) zu den sogenannten Echten Hirschen zählen. Keine dieser Spezies ist bedroht, im Gegenteil.

Den dritten Tribus bilden die kleinen Muntjackhirsche (*Muntiacini*), rezente südostasiatische Urwaldarten mit kleinen, unscheinbaren Geweihen, die überwiegend vom Aussterben bedroht sind. Ihre dolchartig verlängerten Eckzähne im Oberkiefer zeigen ihre Verwandtschaft zu den Urhirschen des späten Miozäns, den Moschinen von vor circa fünf Millionen Jahren. Sie können ihre Zähne zwar noch zur Drohgebärde einsetzen, aber nicht mehr als Reiß- oder Kampfwaffen wie einst ihre Vorfahren. Ihre martialische Gesichtsmimik hat sich als Scheingebärde des Eckzahnfletschens beim Rothirsch erhalten, obwohl ihm die Eckzähne dazu fehlen. Sie sind bei ihm zu winzigen sogenannten Grandeln verkümmert, die sich manche Jägersfrau als Schmuckzähne in Gold fassen lässt. Wenn ein majestätischer Rothirsch seine Oberlippe hoch- und die Unterlippe zurückzieht, das Weiße im Auge zeigt, seine Nackenhaare aufstellt, die Ohren anlegt und einem Artgenossen mit hörbarem Zähneknirschen zu drohen beginnt, dann kann man sich mit viel Fantasie die zierlichen Grandeln im Oberkiefer als Reißzähne vorstellen – sehen kann man sie selbst mit dem

Fernrohr nicht. Tatsächlich sieht man nur die weißen Schneidezähne des Unterkiefers, die dazu dienen, Pflanzen zu rupfen. Und wenn sich der Hirsch mit seiner gefährlich aussehenden Stirnwaffe aufrichtet und mit den Vorderläufen zu trommeln beginnt, dann hat das schon etwas von der Komik des *Ritters von der traurigen Gestalt* im Kampf gegen die Windmühlen.

Natürlich ist ihm die Ironie dieses genetisch fixierten Verhaltens nicht bewusst. Es ist eine Reminiszenz an seine einst aggressiven Vorfahren mit gefährlichen Reißzähnen, lange bevor diese ein Geweih entwickelten. Ohne Selektionsdruck gab es keinen Grund, die drollige Scheindrohgebärde abzulegen, was jedoch nichts daran ändert, dass Cervantes sie nicht komischer hätte erfinden können.

Die im Wald lebenden Vorfahren der Hirsche, die Moschinen, begannen phylogenetisch erst dann große Geweihe zu entwickeln, als sich die Vegetation im Verlauf der Erdgeschichte änderte. Der feuchttropische Wald machte einer Buschrandvegetation Platz; ihr folgten kühlere Steppenlandschaften. Der Evolutionsprozess lässt sich im Zeitraffer beschreiben: Die Huftiere des dunklen Waldes traten ins Licht entstehender Grasfluren und passten sich dem neuen Lebensraum an. Das Verhalten und die Körpermerkmale, die ihnen nicht hinderlich waren, behielten sie bei. Sie entwickelten Geweihe, oder sogar Riesengeweihe, und ein dem Offenland angepasstes Skelett. Erst jetzt schlossen sie sich zu Rudeln zusammen. Ihre schlüpfende Fluchtbewegung ins Dunkel dichter Wälder ersetzten sie als Zehenspitzengänger mit großer Sprungkraft durch die Fähigkeit zu ausdauernder Trabflucht in freier Steppe. Zur Verdauung der härteren und nährstoffarmen Äsung der Freiflä-

Ein ruhiges Familienleben der Rothirsche ist künstlerische Fiktion.

che wurden sie zu Wiederkäuern, die umso größere Mengen verdauen müssen. Die im Offenland weit reichende Witterung begünstigte die Streckung ihres Kopfskeletts mit einer Vergrößerung, Fältelung und Vervielfachung ihrer Geruchsschleimhäute. Auge und Ohr können bekanntlich irren, die Nase nicht. Die Luftströmung garantiert dem Tier die Wahrnehmung von allem, was Hunderte von Metern entfernt geschieht, ohne dass es sichtbar oder hörbar wäre. Sie riechen uns, wenn wir sie weder sehen noch hören können. Dieser hervorragende Geruchssinn fordert den unerfahrenen Jungjäger besonders heraus. Er sieht nichts, weil ihn das Rotwild schon längst geortet und das Weite gesucht hat. So erging es auch mir in meiner Jungjägerzeit des Öfteren.

Sprechen wir vom Hirsch, meinen wir den europäischen Rot- oder Edelhirsch. Dazu eine Klarstellung: Die mächtigen Rothirsche sind nicht etwa Vater und Mutter der nach Körpergewicht rund sechs Mal kleineren Rehe, sondern eine selbstständige Spezies unterschiedlicher Tribus derselben zoologischen Familie, was den Unterschied in ihrem Verhalten und ihren Lebensraumansprüchen ausmacht. Gleichwohl sind sie in unserer Waldlandschaft miteinander vergesellschaftet. Edel wird der Rothirsch wegen einer Besonderheit seines Geweihs genannt. Die Stangenenden bilden becherartige Endverzweigungen, sogenannte Kronen. Er wird dann als Kronenhirsch bezeichnet, was seine Trophäe besonders begehrt macht. Fragwürdiger ist seine vor 1945 erfolgte nationalistische Beförderung zum damals sogenannten Deutschen Edelhirsch – trotz seiner von Natur aus europaweiten Verbreitung. Seine maskuline Bezeichnung als Rot- oder Edelhirsch klammert zudem begrifflich das weibliche Rotwild, das sogenannte Kahlwild, aus und verrät eine nicht gerade gendergerechte Verehrung in der Jagd.

Ein Familienleben kennen Rothirsche nicht. Es ist die Mutter, fachsprachlich als Hindin bezeichnet, die sich um den Nachwuchs kümmert. Sie gebärt in den Monaten Mai und Juni meist ein Kalb, seltener zwei. Ihr Junges verteidigt sie etwa acht Wochen lang aktiv gegen Gefahren, danach schließt sie sich mit ihrem Kalb wieder dem Kahlwildrudel an. Bis zum Ende seines ersten Lebensjahres orientiert sich das Kalb noch an seiner Mutter, dann wird es als Jungerwachsenes ins Rudel integriert. Handelt es sich um ein Weibchen, erlebt das dann bereits geschlechtsreife Schmaltier wenige Monate später die erste Brunft, inklusive dem *ius primae noctis* des Platzhirsches, der nicht selten sein Vater ist. Männliche Hirschkälber trennen sich zum Ende des zweiten Jahres vom Mutterrudel und schließen sich mit anderen Hirschen zu sogenannten Halbstarken- bzw. Junggesellentrupps zusammen.

Alle Rudel werden nur dem äußeren Anschein nach in strenger Altershierarchie geführt. Sie sind in Wirklichkeit ein Zweckverband aus egoistischem Schutzinteresse. Ausnahmslos alle Individuen orientieren sich am Sicherungsverhalten des Erfahrensten. Das Leittier oder der Leithirsch führen also nicht, sondern alle anderen folgen ihm aus Eigeninteresse. Ein soziales Verhalten im menschlichen Sinn kennt das Rotwild nicht. Es lebt in einer Klassengesellschaft, an deren Spitze der reife, mindestens zehnjährige und vorwiegend allein lebende Brunfthirsch steht, der sich nur zur Phase seiner sexuellen Erregung für sechs bis acht Wochen dem Rudel zugesellt.

Aus menschlicher Sicht ist jedes Hirschrudel eine raue Ellbogengesellschaft. Wird einem Kalb die Mutter weggeschossen, geht es hilflos unter oder bleibt ausgestoßen und unterentwickelt. Der Verlust der Mutter prägt sein späteres Leben und sein atypisches Verhalten, was sich gravierend in seiner Konstitution niederschlägt. Nach Eintritt in die hessische Forstverwaltung hatte ich im Hochtaunus häufig Gelegenheit, schwache Schmaltiere oder Jährlingsspießer zu erlegen. Das traurige Erlebnis spielte sich jedes Mal nach dem gleichen Muster ab: Unmittelbar nach einer überstandenen Störung durch Spaziergänger traten die sichtbar schwachen und verwaisten Tiere vertrauensselig aus der Dickung und zeigten trotz helllichten Tages nicht die geringste Vorsicht, was einem gesunden Sicherungsverhalten widerspricht. Ich gewann den Eindruck, dass sie auf menschliche Störungen warteten, um eigene Artgenossen nicht fürchten zu müssen. Als Ausgestoßene sind sie leichte Beute für unerfahrene Rotwildjäger, wie damals auch für mich. Auch eine nicht mehr gebärfähige Hindin oder ein seniler Hirsch mit zurücksetzendem Geweih erleiden als greise Einzelgänger das Ende ihres Lebens wie Aussätzige. Ihr Tod ereilt sie zwischen dem sechzehnten und zwanzigsten Lebensjahr – primär, weil die abgenutzten Backenzähne die zähe Äsung nicht mehr zermahlen können. Sie siechen hungernd und allein vor sich hin, sind aber wegen ihrer großen Lebenserfahrung mit allen Wassern gewaschen, um sich nicht erlegen zu lassen. Rotwild lernt hervorragend und speichert jede Erfahrung. Es unterscheidet perfekt zwischen ihm bereits bekannten Jägern oder Landwirten, nimmt kleinste Veränderungen in seinem Revier gegen den Wind prüfend wahr und begeht keinen Fehler zwei Mal. Rotwildjäger zögern deshalb nicht, die außerordentliche Kombinatorik ihres Sicherungsverhaltens als tierischen Verstand zu bezeichnen. Im Verband mit den Hindinnen, Geschwistern und Halbgeschwistern schaut sich das Kalb sein späteres Verhalten ab und trainiert seine außergewöhnlichen Sinne, zu denen neben dem Geruchssinn auch ausgezeichnete Augen und ein vielfach besseres Gehör als das menschliche zählen.

Unsere Gesellschaft teilt ihnen ihre Lebensräume nach zivilisatorischen Prioritäten zu, die das wanderungsfähige Rotwild invasiv zu besetzen vermag, auch wenn sie übernutzt, chemisiert, vergiftet, zergliedert oder störungsintensiv sind. Um seine Ausbreitung in noch ungeeignetere Gebiete zu begrenzen, werden bestimmte Areale als Rotwildgebiete behördlich festgesetzt und dadurch verinselt. Seit dem Reichsjagdgesetz 1934 haben sich diese Flächen mindestens verdreifacht – trotz der stark veränderten Kulturlandschaft, die dem Rotwild immer weniger gerecht wird. Außerhalb darf jedes Tier, bis auf den begehrten Kronenhirsch, ohne Abschussplan erlegt werden.

Gleichwohl hat sich sein genehmigtes Areal seit der Einführung des Reichsjagdgesetzes mindestens verdreifacht – trotz der stark veränderten Kulturlandschaft, die ihm immer weniger gerecht wird. Rotwild vermag seine Lebensraumansprüche extrem zu reduzieren: aufs Fressen, Sichern und Vermehren. Letzteres macht es zum Schadwild und eben nicht zu einer bedrohten Art. Nicht etwa aus Mitleid füttern mancherorts Jäger trockenes Abfallbrot, sondern aus gesetzeswidrigem Eigennutz. Denn die Geweihe wachsen nachher umso prächtiger. Andererseits – wie gut nur, dass sie diesen Kopfschmuck tragen, sonst gäbe es sie bei uns vermutlich nicht mehr. Und natürlich auch

Sir Edwin Henry Landseer, Der König der Bergtäler, *1802, begründete das Majestätische in der Hirschmalerei schlechthin.*

keine dem Reichsjagdgesetz nachgebildeten Jagdgesetze, die in Wahrheit reine *Cerviden*-Schutzgesetze sind. Sie markieren die Tragik ihres Lebens: Die Geweihpracht macht sie edel und liefert den Grund, sie bürokratisch zu schützen, zu füttern, zu verfolgen und als tagaktive Tiere ins Nachtleben naturferner Waldinseln zu zwingen wie sonst nirgends auf der Welt.

Es ist kein Zufall, dass ihre Geweihpracht im 19. Jahrhundert zum Motiv der Malerei aufstieg – zu eben dem Zeitpunkt, in dem der Feudalismus seinem Ende zustrebte. Landseer schuf mit dem Bild *Der König der Bergtäler* (*Monarch of the Glen*) den Archetyp der geweihbetonten Hirschmalerei. Die Erhabenheit des Hirsches mit seiner in den Himmel gereckten Pracht wird durch die wilde Gebirgsszenerie verstärkt und zur Analogie eines Herrschaftsanspruchs. Mit diesem Bild kreierte Landseer das später zahllos kopierte Profil eines zum Betrachter gewandten Hirsches, dem niemand etwas anhaben kann. Aber Macht macht einsam! Bemerkenswert ist der Halmwuchs des Grasfilzes unter ihm. Er weicht vor der triumphierenden Gestalt des Hirsches sogar zurück. Beim *König der Bergtäler* handelt es sich um das meistkopierte Hirschportrait in der Malerei. Nicht nur die besondere Aufmerksamkeit der Königin, sondern die Analogie zum Herrschaftsanspruch ihrer Nation, die sich anschickte, das größte Reich der Staats- und Kolonialgeschichte zu erschaffen, sicherte ihm seine nie wieder erreichte Popularität. In annähernd jedem britischen Haushalt nach 1850 hing dieses Gemälde, welches in mehr als fünfhundert Varianten mit den unterschiedlichsten grafischen Techniken der Zeit millionenfach reproduziert wurde. Es begründete den Inbegriff des Majestätischen der Natur – personifiziert durch den Hirsch.

Am Anfang war … der Hirsch

Versucht man das verwickelte Knäuel der Beziehung von Mensch und Hirsch aufzurollen, muss man weit in die Menschheitsgeschichte zurückblicken: bis in die Altsteinzeit (Paläolithikum) vor 3,5 Millionen Jahren. Es ist die Zeit der Vormenschen, der sogenannten Südaffen Afrikas (*Australopithecinen*) des Tribus *Hominini*, aus denen sich die Gattung *Homo* einschließlich des modernen Menschen ableiten lässt. Ihren Kauwerkzeugen zufolge waren sie Pflanzenfresser. Doch es wird vermutet, dass sie teilweise auch Aas als Nahrungsquelle nutzten, darunter auch das der Vorfahren unserer heutigen Hirsche. Konkrete Belege dafür gibt es nicht, genauso wenig wie sich der Zeitpunkt bestimmen lässt, zu dem sie vom Aas-Fressen zum selbständigen Jagen übergingen. Sie lernten nur sehr allmählich, grob bearbeitete Geröllsteine zum Zerlegen größerer Fleischstücke zu nutzen. In der berühmten Olduvai-Schlucht, dem Geburtsort der Menschheit im Norden Tansanias, wurden zweiseitig behauene Geröllsteine gefunden, die sich auf die Zeit um circa 1,7 Millionen Jahre vor heute datieren lassen. Es dauerte also mehr als 1,5 Millionen Jahre, bis die späteren *Homo habilis* und *Homo erectus* zweiseitig geschärfte Schneid- und Stichwerkzeuge herstellen konnten. Das war die Voraussetzung dafür, größere Beutetiere nicht nur in den Tod zu treiben, sondern sie zu attackieren, ohne dabei das eigene Leben zu riskieren. Diese frühkulturelle Evolution dauerte bis zum Beginn

Mit seinem bis zu vier Meter ausladenden Geweih lebte Megaloceros aber nicht in einer Waldlandschaft, wie der Künstler hier andeutet, sondern in den waldfreien Tundren der Zwischeneiszeiten.

des Mittelpaläolithikums, also 200 000 bis 120 000 Jahre vor unserer Zeit. Es war der Startpunkt unserer Jagdkultur.

Zu dieser Zeit bevölkerten Riesenhirsche (*Megaloceros*), die hirschartigen Vertreter der sogenannten Megafauna, die gesamte Erde. Ihr mächtigster Vertreter war der *Megaloceros giganteus*, dessen Geweihauslage bis zu vier Meter Spannweite erreichte und der deshalb nur in den baumfreien Tundren eisfreier Zeiten leben konnte. Ebenfalls in diese Zeit fällt die Geburtsstunde des *Homo neanderthalensis* und die seines Verwandten *Homo sapiens*. Beiden Vertretern gelingt es, einfache Jagdwaffen herzustellen und das Feuer zu beherrschen, um fleischliche Nahrung besser verdaulich zu machen, was sie aber weder zum geborenen Fleischfresser noch zum genetisch fixierten Jäger machte.

Der Neandertaler kam als Erster aus Afrika nach Europa und entwickelte sich zum vorwiegend fleischverzehrenden Jäger, wie zahlreiche Skelettfunde belegen. Sein Körper wurde im Verlauf seiner Geschichte gedrungener und muskulöser. Er besaß deutlich längere Schlag- und Wurfarme, die ihm eine robustere, zur Jagd besser geeignete Gestalt gaben als die des zierlicheren *Homo sapiens*, der ihm erst in der Schlussphase des Pleistozäns folgte. Insbesondere das Gebiss des Neandertalers richtete sich als Folge seiner jägerischen Lebensweise stärker auf den Fleischverzehr aus. Der Fleischanteil in seiner Nahrung wird nach jüngeren Forschungen wegen des durch die Kälte bedingt größeren Energiebedarfs auf bis zu neunzig Prozent geschätzt und ist vergleichbar mit dem der traditionell von Fischfang und Jagd lebenden Inuit heute. Inwieweit er oder der ihm ab 40 000 v. Chr. nachfolgende *Homo sapiens* für das rätselhafte Aussterben der Megafauna einschließlich der Riesenhirsche ursächlich waren, bleibt umstritten. Der sich von der Megafauna ernährende Neandertaler ging mit ihr unter, und es blieb der *Homo sapiens* übrig, aus dem wir selbst, die modernen Menschen, und damit auch die Jagd heute hervorgingen.

Die Overkill-These besagt, dass der hinzukommende moderne Mensch die Megafauna durch verbesserte Jagdtechniken ausrottete. Eine andere Theorie macht Klimaveränderungen für das auch als quartäre Aussterbewelle bezeichnete Ende der Megafauna verantwortlich, das zeitgleich mit der letzten Eiszeit und dem Übergang zum heutigen Holozän (unserer derzeitigen Warmzeit) stattfand: Die aufkommende Bewaldung und die dadurch zurückgedrängte Offenland-Vegetation als ergiebige Nahrungsquelle zum Aufbau der gewaltigen Geweihmassen der Riesenhirsche sei für ihr rasches Aussterben entscheidend gewesen. Tatsächlich dürften die Arten der Megafauna unter den Anpassungsdruck klimatischer Umweltveränderungen geraten sein und gleichzeitig von dem davon profitierenden *Homo sapiens* unter verstärkten Jagddruck. Sie unterlagen damit letztendlich den veränderten Umwelt- und Konkurrenzbedingungen. Fest steht: Die heutige Gattung der Hirsche stammt nicht von den ausgestorbenen *Megaloceros* ab, sondern sie entwickelte sich aus gemeinsamen, hirschartigen Vorfahren in getrennten Linien am Ende des Miozäns im Übergang zum Pliozän, also vor sieben bis fünf Millionen Jahren. Der europäische Rothirsch, wie wir ihn kennen, wird durch Funde erst seit der letzten Warmzeit, der Eem-Warmzeit (vor ca. 126 000 bis 115 000 Jahren), belegt und hat sich seitdem evolutiv kaum verändert. Sowohl Riesenhirsch als auch Rothirsch waren also sehr lange vor dem Menschen da und dienten ihm als optionale fleischliche Nahrungsquelle.

Die hartnäckig behauptete Jagdhypothese, der *Homo sapiens* sei von Beginn an ein genetisch fixierter Jäger gewesen, ist eine Erfindung der Jagdideologie. Unser Gebiss weist uns eindeutig als primären Pflanzenesser aus, und damit alle Frühkulturen des *Homo sapiens* als Sammler und Jäger und nicht umgekehrt. Unser Gebiss wurde, sieht man vom Neandertaler ab, im Verlauf der gesamten Evolution sogar schwächer und gleichmäßiger, das heißt pflanzentauglicher und – wie jeder aus schmerzlicher Kindheitserfahrung weiß – anfälliger. Wo sich Menschen ausnahmsweise zu Jägern und Sammlern entwickelten, so die gebräuchliche Umdrehung des Begriffs, wurden sie an den Rand ihres Lebensraums verdrängt oder starben wie der Neandertaler aus. Das Jagd-Gen ist also ein manifestes Ideologem von Jagd heute – ein Hirngespinst. Es existierte im Verlauf der Menschwerdung bei keinem Vertreter der Gattung *Homo*, noch lässt es sich mit den Mitteln der Genomanalyse lokalisieren. Ist diese Tatsache aus Sicht einer sich rechtfertigenden Jagd möglicherweise die Katharsis, derer sich der Jäger erst noch bewusst werden muss?

Der Mensch, umso mehr der frühe Mensch, neigt dazu, sich Vorstellungen aus naheliegendem Bekannten zu machen, um Unerklärliches zu deuten und Fragen nach der eigenen Existenz zu ergründen. Alle Religionen und Mythen entspringen dieser fragenden Intelligenz, oft stehen Tiere dabei im Zentrum. Sie symbolisieren das Gute und Böse, Glück und Unglück, Menschen und ihre Eigenschaften, Tag und Nacht, Jahreszeiten und ihre kosmischen Konstellationen und nicht zuletzt Gottheiten sowie das Leben im Jenseits.

Es verwundert daher nicht, dass der Hirsch, dem der *Homo sapiens* begegnete, eine ganz besondere Attraktion auf ihn ausübte. Belege dafür sind die Höhlenmalereien, die man vor allem im franko-kalabrischen Raum seit der Mitte des 19. Jahrhunderts entdeckte und die auf etwa 35 000 v. Chr. datiert werden. Sie zeigen neben anderen Tieren der Steinzeit drei *Cerviden* (Riesenhirsch, Ren und Rothirsch). Die vorherrschende Deutung dieser meisterlich perspektivischen Farbmalereien weist ihnen kultische oder schamanische Funktionen zu. Die sensorischen Fähigkeiten des Hirsches, seine Schnelligkeit und Intelligenz, sein Pracht und Macht ausstrahlendes Geweih und nicht zuletzt sein monarchisches Auftreten imponierten unseren Vorfahren. Diese Eigenschaften paaren sich mit der gelebten Männlichkeit des Rudel-Ersten, dem alle Hindinnen sexuell ergeben sein müssen und der so die Weitergabe seiner Gene sichert. Nimmt man seine negativ erscheinenden Eigenschaften hinzu – zum Beispiel das mürrische Eremitenleben des alten Brunfthirsches, das unterwürfige Verkriechen des Hirsches nach dem Geweihabwurf, seinen intoleranten Sexual-Egoismus, seine hemmungslose Promiskuität etc. –, so bietet er aus menschlicher Sicht im Positiven wie im Negativen ein Bild der Ganzheit in betörend schöner Gestalt und mit einer Strahlkraft, wie sie nur wenige Tiere entfalten. In der Vorstellung des auf Beute fixierten Jägers entfachte das ganz besonders die Fantasie: Er suchte und fand übertragbare Eigenschaften zwischen sich und dem Hirsch. Diese Projektion bezog sich dabei nicht auf einzelne Individuen, sondern auf die ganze Gattung, sodass Hirsche zu unsterblichen Gottheiten oder Schicksalsmächten erwuchsen.

Es ist naheliegend, dass sie deswegen noch vor dem Pferd domestiziert wurden und Letztere sie nur wegen ihrer höheren Unterwürfigkeit aus der menschlichen Lebens- und Arbeitsgemeinschaft verdrängten. Horaz schreibt sogar vom Hirschpferd (*Cervus equum*). Und nicht selten werden in Sagen dem Pferd Geweihe aufgesetzt, oder man verkleidete sich selbst als Hirsch, um besser ins Jenseits zu gelangen. Die älteste Darstellung dieser Art stammt aus dem Jahr 1701: Der Holländer Nicolaas Witsen malte einen sibirischen Schamanen, der ein Geweih auf dem Kopf trägt. Aus demselben Grund wurde in

Nicolaas Witsen, Schamane in Sibirien mit Hirschgeweih, *1701. Es ist Joseph Beuys, der Schamane in der zeitgenössischen Kunst, der den Hirsch wieder schamanisch interpretiert.*

sibirischen Völkern den Toten ein Hirsch mit ins Grab gelegt: Er sollte sie schneller ins Jenseits befördern. In den Sammler-und-Jäger-Kulturen entstehen darum zunächst Hirschkulturen und nicht solche mit Haustieren wie Rind oder Stier. Erst die Sesshaftigkeit in der jüngeren Steinzeit verdrängte den Hirsch als Totem früher Ackerbauern, an seine Stelle traten die Gespanntiere Pferd und Ochse. Zusätzlich verlor der Hirsch als Fleischlieferant an Bedeutung.

Der Wandel vom Nomaden zum sesshaften Ackerbauern bedeutete, bedingt durch den nun mit Sammlern und Jägern überlasteten Lebensraum, eine erste ökologische Krise – in der Wissenschaftssprache spricht man von einem Problem der Tragfähigkeit (*carrying capacity*). Bestand die Sozialkohäsion zunächst in den Verwandtschaftsbeziehungen der Sippe, trat mit der Sesshaftigkeit allmählich das private (Grund-)Eigentum an ihre Stelle. Retrospektiv war dieser Wechsel der Sozialkohäsion ein lebensnotwendiger Schritt, hatte aber gleichwohl Nachteile für die Individuen. Die frühe Landwirtschaft schränkte die Zahl der Beutetiere und Nutzpflanzen stark ein und ersetzte sie durch Getreide aus wenigen Grasarten. Sammler und Jäger ernährten sich demgegenüber kalorien-, eiweiß- und abwechslungsreicher und waren weniger durch das Wetter und Missernten gefährdet, da sie dem Wild folgten und heftigen Wetterschwankungen ausweichen konnten. Diese Überlegenheit wird jagdhistorisch und soziologisch herangezogen, um das Jagen als Privileg herrschender Eliten erklären zu können. Liegt darin ein Grund für das Selbstbild der Jagd heute mit ihrem Sendungsbewusstsein kultureller und ökologischer Unverzichtbarkeit? Die ökologische und die kulturelle Notwendigkeit lassen sich indessen am Beispiel der Hirschjagd nicht begründen; noch als genetische Evidenz eines nicht existenten Jagd-Gens herleiten. Ist der Jagd heute die ethische wie funktionale Begründung abhandengekommen?, fragt sich stattdessen eine zunehmend jagdkritische Gesellschaft unter dem Eindruck gefährdeter Natur.

Mit der Sesshaftigkeit wandelten sich die Vorstellungen von den Gottheiten: Sie wurden zunehmend personifiziert, und die Tiere, so auch der Hirsch, traten hinter die Personengottheiten zurück. Tiere wurden zu Attributen herabgestuft. Gleichwohl lebten sie als Totem oder als Metapher für menschliche Eigenschaften oder das Jenseits in der Vorstellung vorantiker Kulturen fort. Die Zeugnisse dieser mythologischen Funkti-

Ferdinand Keller, Moderne Diana, *1872. Vollends verfälscht ist die künstlerische Interpretation der Diana-Legende bei Keller: Die starken Männer im Hintergrund rüsten zur Fortsetzung der Parforcejagd, während sich Diana dem schönen, gestreckten Hirsch nähert.*

onalisierung des Hirsches sind unübersehbar, und nahezu alle eurasischen Kulturen wurden stark davon geprägt. In Kontinentaleuropa ist es der Rothirsch, der in den Fundbelegen im Osten durch den Damhirsch bzw. im Nordosten durch das Rentier verdrängt wird. Im antiken Griechenland spielte der Hirsch eine zentrale mythologische Rolle in der Götterwelt, was sich sogar im griechischen Namen *Hellas* (deutsch: Hirschland) niederschlug. Die reichen Zeugnisse auf dem griechischen Kontinent beziehen sich vorwiegend auf den dort dominierenden Rothirsch und in der griechischen Inselwelt auf den Damhirsch, der hier offenbar früher Verbreitung fand. In der Antike findet der Hirsch eine derart vielgestaltige Verwendung, dass die Forschung bis heute kein einheitliches Interpretationsschema aufzustellen vermag, um Deutungsregeln zu formulieren. Der Hirsch begegnet uns mit seinen guten wie schlechten Eigenschaften und imponiert durch die Häufigkeit seiner Anrufung und bildnerischen Darstellung, die seine zentrale Bedeutung in der Antike manifestieren.

Über den Umweg von der griechischen über die römische Mythologie spielte der Hirsch schließlich in christlichen Zeugnissen und Schriften eine wesentliche, wenn auch funktional reduziertere Rolle als Metapher im Gott-Mensch-Verhältnis. Der zentrale Beleg hierfür findet sich im Alten Testament: »Wie der Hirsch lechzt an versiegten Bächen, also lechzt meine Seele, o Gott, nach Dir.« (Ps. 42,2) Entsprechend gibt es eine große Zahl von christlichen Darstellungen, die Hirsche beim Trinken aus Flüssen und Bächen zeigen. Die eindrücklichste befindet sich in der alten vatikanischen Basilika mit dem thronenden Christus, zu dessen Füßen vier Flüsse entspringen, an denen sich Hirsche laben – eine Metapher für die Gottessehnsucht des Menschen.

Unübersehbar ist auch seine Verwendung in Märchen und Legenden, im Volksglauben und nicht zuletzt in der fernöstlichen Medizin. Der Hirsch war nicht nur Beuteobjekt und Nahrungsquelle früher Kulturen, er prägte als Gottheit und später als Archetyp ihre Vorstellungen von der Welt und dem Jenseits. Vor diesem Hintergrund ist die Deutung interessant, die sich aus der psychoanalytischen Archetypenlehre Carl Gustav Jungs ergibt, dem Vater dieser Theorie und Schüler Sigmund Freuds. Nach Jung sind Archetypen universell gültige Strukturen in der Seele der Menschen, die unabhängig von ihrer

Geschichte und Kultur die Vorstellungswelt prägen. Danach steht der Hirsch für die Gesamtheit des Bewussten und Unbewussten, der positiven wie negativen Werte der Menschen. Als Ganzheitssymbol vereinigt der Hirsch sowohl den Wegweiser des Guten als auch die Verlockung der Verderbnis; einerseits königlich-edel und andererseits triebhaft und leibbezogen steht er für beides, für verantwortliche Zuneigung und für pure Lustbefriedigung, je nachdem, wie es der selbstbestimmte Mensch für sich erstrebt. Das ist ein tröstliches Ergebnis der verwickelten Kulturgeschichte von Mensch und Hirsch! Für uns hirschverliebte Menschen – zuvorderst für alle geweihfixierten Jäger – kann der Hirsch ein zentrales Motiv für vorbildhafte Verantwortung für alle Wildtiere und ihre gefährdeten Lebensräume in einer zerstörten Kulturlandschaft sein. Oder aber das Prestigeobjekt einer Trophäenjagd, die darauf keine Rücksicht nimmt.

Geweiht, gehetzt, befreit

Meine Freizeit als Heranwachsender war von der Jagdlust meines Vaters geprägt. Er konnte sich die Jagd leisten, weil er zeitlich unabhängig war und Anfang der Fünfzigerjahre schon genug Geld verdiente, um zu machen, was er wollte. Und er wollte vor allem jagen – zum Leidwesen meiner Mutter, einer damals sogenannten grünen Witwe, die für die Kinder und das Haus zuständig war. Wenn sie als daheimgebliebene Jägersfrau sich um die Versorgung des Wildbrets, eine leckere Wildküche und das Abstauben der Trophäen kümmerte, sagte sie, ihr Gatte fröne mal wieder der Göttin Diana. Damit meinte sie weniger seine nicht vorhandene Wertschätzung für die römische Mythologie, sondern seine Interessen außerhalb der Familie. Erst als ich im Gymnasium von der römischen Mythologie hörte, begriff ich, dass sie damit nicht seine Jagdlust meinte.

Diana beansprucht eine zentrale Rolle in der römischen Mythologie, denn sie stand als die Leuchtende neben Luna, der Göttin des Mondes, und damit ebenbürtig dem Sonnengott Apollo. Insofern war sie auch Göttin der Niederkunft und des Lebens und damit wesentlich für Mensch, Tier und Pflanze. Göttin der Jagd war sie quasi nur im Nebenberuf. Nach Ovids Legende trifft der mit seinen Hunden jagende Actaeon die jungfräuliche Göttin mit ihren Nymphen beim Baden an. Unbeabsichtigt erheischt er einen Blick auf die unbekleidete Diana. Zwar versuchen die Nymphinnen, sie mit ihren Körpern zu

NATURKUNDEN

erausgegeben von Judith Schalansky bei Matthes & Seitz Berlin

rogramm 2013–2018

Peter Geimer

Fliegen

Ein Portrait

№ 45

circa 150 Seiten, mit zahlreichen farbigen Abbildungen, Kleinoktav-Format (12 × 18 cm), flexibler Einband, fadengeheftet, Kopfschnitt
€ 18,– (D) / € 18,50 (A) / sFr 22,90

ISBN 978-3-95757-617-0
Erscheint am 18. Oktober 2018

Ende Juli.
Eine Fliege stirbt:
Weltkrieg.

Eintrag aus dem Tagebuch
Robert Musils

Wilhelm Bode

Hirsche

Ein Portrait

№ 46

circa 160 Seiten, mit zahlreichen farbigen Abbildungen, Kleinoktav-Format (12 × 18 cm), flexibler Einband, fadengeheftet, Kopfschnitt
€ 18,– (D) / € 18,50 (A) / sFr 22,90

ISBN 978-3-95757-672-9
Erscheint am 18. Oktober 2018

Der gejagte König

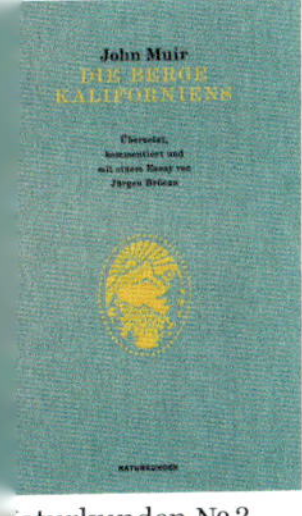

Naturkunden № 2

Naturkunden № 6

Naturkunden № 10

Naturkunden № 14

Naturkunden № 18

Naturkunden № 21

Naturkunden № 25

Naturkunden № 29

Roger Deakin
Wilde Wälder
№ 43

440 Seiten,
mit zahlreichen Fotografien,
Oktav-Format (14,5 × 22,5 cm),
flexibler Einband, fadengeheftet
mit farbigem Kopfschnitt und
Lesebändchen
€ 38,– (D) / € 39,10 (A) / sFr 46,40

ISBN 978-3-95757-564-7

Bernd Heinrich

Leben ohne Ende

Der ewige Kreislauf des Lebendigen
[*Life Everlasting: The Animal Way of Deat*
№ 48

circa 280 Seiten, Illustrationen, Kleinquart-Format (17 × 23 cm), flexibler Einband, fadengeheftet mit farbigem Kopfschnitt und Lesebändchen
€ 38,– (D) / € 39,10 (A) / sFr 46,40

ISBN 978-3-95757-618-7
Erscheint am 18. Oktober 2018

Leben zu Leben, Hauch zu Hauch: Der Tod ist nicht Ende sondern Neuanfang

DER TOD IST das unlösbare Rätsel des Lebens. Um ihm auf die Spur zu kommen, wirft der Biologe Bernd Heinrich einen Blick auf die Art und Weise, wie die Tiere mit dem Tod umgehen. Käfer, Adler, Raben oder Wölfe – sie alle haben ein Leben nach dem Tod, das uns ständig umgibt, aber im Verborgenen stattfindet. Der Tod verknüpft die Leben miteinander wie Glieder einer unendlichen Kette: Was stirbt, aufersteht zu neuem Leben, indem es zu Humus oder zum Fraß für andere wird. Er entdeckt eine bunte Welt des Werdens und Vergehens, die uns nicht nur Trost spenden kann, sondern auch ökologische Lehren ziehen lässt.

aturkunden № 3

Naturkunden № 7

Naturkunden № 11

laturkunden № 15

Naturkunden № 19

Naturkunden № 22

Naturkunden № 26

Naturkunden № 30

Naturkunden № 35

Naturkunden № 39

Naturkunden № 44

Hier gelingt etwas fast Vergessenes:
die Schönheit der Welt in der
Schönheit eines Buches einzufangen.

KATJA OSKAMP, DIE WELTWOCHE über *Symbiosen*

Robert Macfarlane,
Jackie Morris

Die verlorenen Wörter

[*The Lost Words*]

№ 49

circa 100 Seiten,
Folio-Format (21 × 33 cm),
Festeinband, fadengeheftet,
mit farbigem Kopfschnitt
und Lesebändchen
€ 38,– (D) / € 39,10 (A) / sFr 46,40

ISBN 978-3-95757-622-4
Erscheint am 18. Oktober 2018

Ein in Text und Bild überwältigend schöner, zauberhaft irdischer Band.
Die Welt

EISVOGEL, BROMBEERE, ZAUNKÖNIG – was, wenn die Wörter für die lebendige Natur unbemerkt aus der Sprache, den Märchen und Geschichten, der Wirklichkeit verschwänden? Was wir nicht benennen, können wir nicht wertschätzen. Dieses Buch ist der Gegenzauber zur Entfremdung. Die prächtigen Aquarelle von Jackie Morris weisen den Weg in einen geheimen Garten, zu dem jeder den Schlüssel besitzt. Robert Macfarlanes von Daniela Seel ins Deutsche übertragene Verse erkunden auf wundersame Weise die Natur und dort entdecken wir sie wieder – die verlorenen Wörter.

Werkstatt von Lucas Cranach d. Ä., Diana und Actaeon*, circa 1540. Nicht Erotik ist das Motiv der Dianenmythologie, sondern Demut vor Gott.*

verdecken, doch das gelingt nicht und der Jüngling erhascht einen Blick auf ihre entblößte Scham. Diana überlegt, ob sie Actaeon mit einem tödlichen Pfeil bestrafen soll, entscheidet sich aber, ihn in einen Hirsch zu verwandeln. Dabei spricht sie: »Jetzt erzähle, du habest mich ohne Gewande gesehen, wenn du noch zu erzählen vermagst.« Actaeon flieht und wundert sich über seine Schnelligkeit, bis er sich in einem Bach spiegelt und bemerken muss, dass er als Hirsch sogar seine Sprache verloren hat. Er kann sich den eigenen, auf ihn gehetzten Jagdhunden nicht mehr als ihr Herr zu erkennen geben und wird bei lebendigem Leib zerrissen. Damit ist sein schuldloser Blick auf Dianas Scham grausam getilgt.

Diana gewinnt als Göttin der Jagd erst in der Renaissance für die auf Repräsentation und Lust angelegte Jagdkultur an Bedeutung. Ihre vordergründige Botschaft einer tödlichen Bestrafung für jegliche Schamverletzung war in den lustbetonten Palästen sicher weniger gefragt. Dafür war aber die leicht bekleidete Diana ein erotisch anregendes Motiv, das zur ausschweifenden Atmosphäre passte. Wohl auch deshalb blieb die Legende von dem jagenden Fußvolk, welches erst ab 1848 jagen durfte und zudem an Kunst kaum interessiert war, unverstanden. Sie ist nämlich keine Metapher auf die Moral, etwa von Schuld und Unschuld oder von Keuschheit und Begehren, sondern von der uneingeschränkten Herrschaft des Göttlichen. Auch der Schuldlose hat jederzeit mit dem Göttlichen zu rechnen, er hat sich in allem das Höhere zu vergegenwärtigen und seinen Blick demütig vor seiner Allgegenwart zu senken. Demut kommt vor dem Verlangen, das ist Dianas Botschaft! Oder bezogen auf die Jagd heute: Seid euch stets des Ganzen der Natur bewusst und zähmt eure Jagdlust. Es ist ein Appell an die Verantwortung des beutemachenden Jägers. Für mich als jagd- und naturbegeisterten Heranwachsenden legte dieser aufklärerische Appell die Saat erwachender Skepsis. Das lustvolle Drauflosjagen auf alles, was Trophäen trägt, konnte für mich nicht der letzte Sinn sein, und ein tieferer Blick in die Zusammenhänge schien mir notwendig. Doch meine Jagdbegeisterung ließ mich zunächst noch weiterträumen von der Erlegung eines starken Elches. Natürlich nur in wilder, unberührter Natur Alaskas, damit – so meinte ich – dieser, *mein* Elch, eine echte Chance haben sollte. Dieser *eine* Elch begleitete und fesselte mich in der Zeit des Heranwachsens allnächtlich als Bettlektüre und heiß erstrebtes Beuteobjekt. Er sollte von mir später als junger Mann tatsächlich gestreckt werden. Der Tod *meines* Elchs war meine Katharsis und bedeutete einen Wendepunkt in meiner Jagdleidenschaft, denn eine Chance gegen mich hatte auch dieser Elch nicht – trotz anstrengender wie grandioser Gebirgslandschaft der Alaska-Range und unvergesslicher Naturerlebnisse.

Meine Schulferien verbrachte ich mit meinem vier Jahre älteren Cousin Rudolf in der Jagdhütte meines Vaters, wo wir auch im Nachhinein besehen die schönsten Jagderlebnisse erleben durften und schon mit neun und dreizehn Jahren bewaffnet das Wald-Feld-Revier verunsicherten. Ich war zwölf Jahre alt, als ich den ersten, einen gehetzten und vor Not kopflos flüchtenden Hirsch sah. Dieser erste Hirsch meines Lebens, ein junger Kronenhirsch, rettete seine Haut trotz der Kanonade, die von allen Seiten auf ihn eröffnet wurde, ins nächste oder bestenfalls übernächste Revier. Falls er es nicht doch bis in den rettenden Staatsforst geschafft hat. Im Pachtrevier meines Vaters und den umliegenden Jagdgenossenschaften kam Rotwild nämlich nur als sogenanntes Wechselwild vor. Immer wenn Landwirte oder Jäger zufällig Rotwild sahen, telefonierte man das meinem Vater durch, um es im rotwildfreien Gebiet zur Strecke zu bringen – koste es, was es wolle. Mit seinen jederzeit mit ihren Gewehren bereitstehenden Jagdkumpels ging es dann vor Jagdfieber zitternd in das circa achtzig Kilometer entfernte Revier zur Treibjagd auf die in ständiger Flucht außerhalb der Staatsforste abgehetzten Tiere. Und im Nachhinein kann ich trotz meines jugendlichen Jagdfiebers nicht verhehlen: Es keimte erstes Mitleid in mir auf, dem braven Messdiener, der ahnte, welch tragisches Leben der edle Hirsch in unserem naturfernen, verfichteten Sauerland durch die Trophäenleidenschaft und das Revierjagdsystem trotz angeblicher Wertschätzung zu erleiden hatte. Das edle, heilige Weidwerk bekam erste ökologische Schrammen.

Das Unverständnis wuchs noch, als ich später die Legende von Sankt Hubertus hörte, dem Säulenheiligen christlicher Jagd. Ein väterlicher Jagdfreund hatte bei einer dieser beutegierigen Zufallsjagden einen jungen Zwölfender erlegt und zu einer Hubertusmesse in der kleinen Waldkirche Klosterbrunnen eingeladen. Vater nahm mich mit, und ich bestaunte den neben dem Altar auf Fichtenzweigen liegenden Hirsch. Er hatte den sogenannten letzten Bissen im Äser, das ist der jägerische Begriff für einen kleinen Eichen- oder Fichtenzweig im Maul, und einen sogenannten Aneignungsbruch als Zeichen der Inbesitznahme. Diesen Zweig legt der Schütze, bevor er eine Schweigeminute am soeben erlegten Hirsch abhält, auf die Schusswunde, die dem Tier das Leben gekostet hat, und kennzeichnet es damit als seine Beute. Ich mutmaßte in meiner kindlichen Fantasie, das geschähe als Zeichen der Reue und Entschuldigung für die tödliche Verletzung. Der Hirsch lag da wie im Sprung gestreckt, und irgendwie erinnerte mich das an den kraftvollen Olympiasieger Lee Calhoun im 110-Meter-Hürdenlauf. Es waren die Olympischen Spiele von 1960 in Rom, und die Familie saß wie gefesselt vor den abendlichen Übertragungen der Entscheidungskämpfe. Da lag also in meiner Vorstellung der amerikanische Olympionike, als sei er mitten im gewaltigen Sprung über die Hürden aus dem Leben gerissen und statt mit Medaillen mit Fichtenzweigen dekoriert worden. Und die Saat des Mitleids keimte unaufhaltsam in mir auf.

Albrecht Dürer, Der heilige Eustachius, *1498. Noch zu Dürers Zeiten war der Hubertuskult unbekannt. Er malte St. Eustachius.*

Die Zeremonie begann mit dem ohrenbetäubenden Signal ›Aufbruch zur Jagd‹, das von den Weidgenossen ungewollt vielstimmig intoniert wurde. Reichsjägermeister Göring hatte die Plesser Jagdsignale und das dazugehörige Jagdhorn zur verbindlichen Jagdtradition erklärt, und man war nach dem Krieg und bis in die Achtzigerjahre hinein noch ziemlich ungeübt damit. Ich erwartete mit Spannung die Liturgie und musste feststellen, dass bis auf die Segnung des Hirsches und der feierlich dreinblickenden Jägerschar keine Besonderheiten geboten wurden. Die Predigt widmete sich der Hubertuslegende und der Priester versuchte, sie für den Hausgebrauch der nur bedingt bibelfesten Jägerschar schmackhaft zu machen. Der fromme Mann fremdelte mit dieser mythologischen Herausforderung und die Eucharistiefeier machte auf mich den Eindruck, als ob sie gehalten würde, um Leute in die Kirche zu locken, die sonst nicht zu erreichen waren; der löbliche Zweck brauchte eine feierliche Grüngarnierung. Den Schluss bildete dann ein weiterer Versuch der Hornbläser, diesmal das Signal ›Jagd vorbei‹. Ergriffen begaben sich danach die Weidgenossen mit tauben Ohren, aber lauterem Gewissen in die Gaststätte meines Vaters zum gewohnten Zechen, dem sogenannten Tottrinken des Hirsches – zum zweiten Mal wegen ein und desselben Jagdglücks nach dem Abend des Erlegens einige Tage zuvor. Das war der zeitgenössische Kern der Hubertuslegende mit der auf sie gründenden Verehrung des Hirsches: eine feierliche Hubertusmesse sowie der letzte Bissen, ein Fichtenzweig, der dem lebenden Hirsch nicht einmal schmeckt, und ein Aneignungsbruch als Reminiszenz an das dem Hirsch geraubte Leben. Auf diesen letzten Bissen haben allerdings nach Görings erfundenen Deutschen Jagdtraditionen weibliche Stücke prinzipiell keinen Anspruch, da ihnen der Kopfschmuck fehlt. Das kam mir schon als Kind ziemlich ungerecht vor, denn sie können nichts dafür, kein Geweih zu tragen. War das also alles, was der heilige Hubertus dem Jäger bedeutete? Und die auflaufende Saat meiner Zweifel an der Trophäenjagd wuchs unaufhörlich heran.

Tatsächlich ist die Hubertuslegende eine gewillkürte Fiktion, die sich im Kern aus der Legende des christlichen Märtyrers Eustachius herleitet. Eustachius soll bei der Jagd einen Hirsch gestellt haben, der zwischen seinen Geweihstangen ein Kreuz mit dem Corpus Christi trug. Gott soll ihn durch den Hirsch aufgefordert haben, sich taufen und zu einem gottesfürchtigen Leben bekehren zu lassen. Schon diese Legende basierte nicht auf zeitnahen Quellen, sondern tauchte erst in der zweiten Hälfte des 13. Jahrhunderts, also 1100 Jahre nach dem Tod des römischen Märtyrers, auf. Noch einmal zweihundert Jahre später wurde diese Kernlegende auf den heiligen Hubertus, den Bischof von Lüttich, übertragen. Hubertus, oder richtig St. Hugberti, wurde am Beginn des 8. Jahrhunderts zum Bischof geweiht, heiliggesprochen und bereits ab dem 9. Jahrhundert als Schutzpatron der Jäger verehrt. Einziger Anknüpfungspunkt für diese Verehrung nach seinem Tod war die historisch bestätigte Tatsache, dass er vor seiner Bischofsweihe als draufgängerischer Bursche begeistert zur Jagd ging. Mehr ist von ihm unter jagdlichem Aspekt nicht überliefert. Dass er sechshundert Jahre später mit der Legende des heiligen Eustachius veredelt wurde, ist ohne historische Begründung. Vielmehr handelt es sich um einen Akt feudaler Willkür, um ideelle

Jan Breughel der Ältere, Die Vision von St. Hubertus, *zwischen 1615 und 1630. Sie erst beförderte den Hubertuskult und machte ihn populär.*

Vorstellungen der Zeit auf eine geheiligte Person zu projizieren. Ein Fake, würden wir sagen. Man schuf sich das Narrativ eines Jagdheiligen unter Verwendung der bereits vorgefundenen Legende des heiligen Eustachius, die im Kanon christlicher Heiligenverehrung seit Langem akzeptiert wurde. Der Erfinder war Gerhard II., ein leidenschaftlicher Jäger und Herzog von Jülich-Berg, der am 3. November 1444 die Schlacht bei Linnich gewann. Es war zufällig der Tag, an dem des heiligen Hubertus gedacht wurde. Denn er war der Heilige der Region und ihrer Jäger seit fünf Jahrhunderten – auch ohne Eustachius-Legende. Die Erfindung dieser Erzählung lag also in der Zeit des erstarkenden Feudalismus territorialfürstlicher Staaten wie im politischen Kalkül ihres zufällig am Hubertustag siegreichen Erfinders. Dass dieser Kunstgriff nicht allgemein rezipiert wurde, verrät Dürer 1498 im Titel seines Gemäldes zur gleichen Legende, also mehr als fünfzig Jahre nach Erfindung der Hubertuslegende. Es zeigt nicht Hubertus, sondern den heiligen Eustachius. Die bildnerische Hubertus-Zuschreibung setzte sich nämlich erst ab Beginn des 17. Jahrhunderts durch das Gemälde des Flamen Jan Breughel des Älteren reichsweit durch. Just zu dem Zeitpunkt, als der ebenfalls von Gerhard II. 1444 gegründete Ritterorden St. Hubertus mangels Erbfolge wieder unterging. Neu an dem Hubertus-Narrativ war gegenüber der Eustachius-Legende lediglich die gottesfürchtige Abkehr von zügelloser Jagdleidenschaft, weil Hubertus laut Legende dem Hirsch das Leben schenkt. Diese Enthaltsamkeit hatte allerdings verständliche Gründe, die eben zu jener Zeit für den Feudalismus bedeutsam zu werden begannen.

Die ursprünglich freie Jagd der Bauern wurde vom 12. bis zum 14. Jahrhundert durch fürstliche Jagdbanne zunehmend eingeschränkt. Spätestens ab dem 15. Jahrhundert wurde dieses feudale Vorrecht derart exzessiv genutzt, dass es sich zur Geißel des Landvolks entwickelte. Im Zentrum dieser Obsession stand stets der Hirsch. Wurde das Jagdvorrecht des Adels einst mit dem Schutz der Landbevölkerung vor Raubtieren und Überfällen begründet, erwuchs daraus schierer Machtmissbrauch zur fürstlichen Jagdlust. Die Chroniken der Fürstenhäuser geben einen Eindruck von der Verbreitung dieser Exzesse, die maßgeblich den Jahresablauf der Höfe bestimmten. Von einigen Fürsten wird berichtet, dass sie persönlich zwischen vierhundert und zweitausend Hirsche jährlich erlegten. Entsprechend entwickelten sich die Jagden zu Belustigungsanlässen der

Hofgesellschaft, die mitunter monatelang vorbereitet wurden und die ländliche Bevölkerung zum Dienst, den Jagdfrohnden, heranzogen. Dazu wurde von ihnen verlangt, den berittenen Jagdtross der Fürsten inklusive seiner Pferde und der Hundemeuten zu versorgen und für wochenlange Treiberdienste in der Erntezeit zur Verfügung zu stehen. Als Jagdmethode hatte sich zunächst das sogenannte teutsche oder auch eingestellte Jagen verbreitet, zu dem Rot- und Schwarzwild landesweit zusammengetrieben wurde. Es wurde dann in kleinen, eingezäunten Gattern oder in Jagdteichen unter Anwesenheit des gesamten Hofstaates mit großem Pomp und vermeintlich amüsanten Tötungstechniken zur Strecke gebracht. Man erfreute sich – quasi wie auf einer Theaterbühne – am Todeskampf der gequälten Hirsche und Wildschweine mit den sie im Blutrausch hetzenden Hunden und feierte die weniger todesmutigen Edelmänner, die den Tötungsakt an den erschöpften Kreaturen vollzogen. Man war stolz auf das unterhaltsame Gemetzel, was die Hofmaler in detailreichen Szenerien zur Ausschmückung der Schlösser festhielten, die jeden Tierschützer anwidern.

Zeitgleich zur teutschen Jagd entwickelte sich die Parforcejagd, eine Einzeljagd mit ganzer Kraft. Schon Karl der Große orientierte sich am romanisch-fränkischen Jagdstil, dessen Vorbild das welsche Rittertum war. Der Ritter sollte den Hirsch gleichsam überwältigen und besiegen und nicht nur töten oder seiner habhaft werden – *par force* eben. Entsprechend waren Sprache und Jagdliteratur bis zum Ende des Mittelalters französisch. Die Parforcejagd behielt ihren Wesenskern, nämlich den Hirsch unbegrenzt über Berg und Tal hinweg zu hetzen, bis zur Mitte des 19. Jahrhunderts bei. Vor allem der Hirsch, später in England und Frankreich auch der Fuchs, wurde gefährtet, tagelang von einer geführten Hundemeute gehetzt und verfolgt. Der berittene Tross des Fürsten blieb in Hörweite der Jagdhörner, um im Kontakt zur Hundemeute zu folgen. Diese französischen Signale waren der ursprüngliche Zweck des Jagdhorns, und sie sind deswegen keineswegs eine sinngebende Tradition für die bürgerliche Jagd heute, sondern tatsächlich ein Menetekel neofeudaler Ausrichtung der NS-Jagdreform an den Plesser Haustraditionen mit ihrem speziellen Jagdhorn, das bis 1934 sonst niemand kannte. Warum auch bei der Schießjagd im Kleinrevier und vom Hochsitz aus?

Das Ende des tödlichen Showdowns begann, sobald sich der Hirsch erschöpft seinem Schicksal ergab oder in ein Gewässer flüchtete und nicht mehr zu bewegen war, es zur Fortsetzung der grausamen Hatz wieder zu verlassen. Mitunter zog man ihn mit Seilen heraus und es ging noch einmal für kurze Zeit weiter. Schlussendlich wurde der erschöpfte Hirsch vom Fürsten im Beisein der Hofgesellschaft und seiner Damen zeremoniell getötet oder von den Hunden zerrissen. Insbesondere das Ende, das *ha-la-li*, wurde im Verlauf der Geschichte zu einem höfisch gestelzten Zeremoniell, das in vielen Quellen ausführlich beschrieben wird und heute nur noch Kopfschütteln erzeugt. Zu keinem Zeitpunkt stand die Verminderung des Schmerzes der Kreatur im Vordergrund, sondern allein die ideologische Rechtfertigung der monarchischen Sonderstellung, die vermeintliche Veredelung des Fürsten durch den zeremoniellen Tötungsakt – legitimiert und bemäntelt durch das Vorrecht des Fürsten, das Jagdregal, und mittels Parforce dem höheren Ziel dienend.

Es war der Renaissance-Kaiser Maximilian I., der auf der Jagd die Armbrust den *Handtpuxen*, bereits im 15. Jahrhundert verbreitete Feuerwaffen, vorzog und deswegen als der letzte Ritter bezeichnet wird. Sein Hofschreiber beschrieb ihn mithilfe einer frühen Projektion der späteren Jagdhypothese als Weidmann nicht »aus Gewohnheit oder Hoffart, sondern [...] aus [...] angeborener Natur und königlichem Gemüt«, also kraft seiner Gene. Albrecht Dürer lernte Maximilian I. als Herrscher der österreichischen Erblande um das Jahr 1500 anlässlich seiner häufigen Besuche in Augsburg kennen, wo dieser sich regelmäßig bei den Fuggern die Finanzmittel für seine verschwenderische Hof- und Jagdhaltung sowie seine zahlreichen Kriegszüge beschaffte. So gesehen darf man Dürers Hirsch-Portrait aus dem Jahr 1504 als versteckte Kritik an der Prunksucht des der Jagd verfallenen, habsburgisch-burgundischen Herrschers erkennen, die er nur verschlüsselt äußern durfte. Hirsche waren für Dürer Symbole der Traurigkeit und Melancholie. Man darf vermuten, dass Dürers Kopftorso des mit einer Armbrust erlegten Hirsches die königliche Jagdlust gezielt kontrastierte. Dürer richtete seinen Fokus auf das im Eintritt des Todes brechende Auge des durchbohrten Kopfes. Diese zu seiner Zeit revolutionäre Sicht kann als bildnerische Geburtsstunde des ethischen Tierschutzes gelten. Sie ist der erstmalige Blick in eine sterbende Tierseele in der Geschichte der Malerei und wurde zur zeitlosen Ikone im ethischen Diskurs um den durch die Jagd verursachten Tierschmerz. Als Manifestation der gequälten Tierseele markiert sie darum einen Meilenstein in der Kulturgeschichte. Maximilian war auch der erste »großmechtig Waidmann«, so sein Hofschreiber, der den Hirschen

Albrecht Dürer, Deer head pierced by an arrow, *1504. Das brechende Auge des sterbenden Hirsches kann als Geburtsstunde des ethischen Tierschutzes in der Malerei gelten.*

vor allem auf ihr Geweih schaute und begann, die Trophäen präparieren zu lassen, um damit zu repräsentieren. Sie waren Teil seiner Selbstdarstellung, die im Verlauf der Jahrhunderte nach ihm in einer Art Cervidophilie des europäischen Hochadels bis hin zur bürgerlichen Trophäensucht der Jagd heute enden sollte. Der Kaiser selbst betrachtete die Hirsche als edel, weil sie eigenhändig durch ihn, den Herrscher des Heiligen Römischen Reiches, ihr Leben lassen durften und damit als die Edlen, allein für den Herrscher reservierten, unter allen Tieren zu gelten hatten – eine für die *Cerviden* bis heute schmerzhafte Gunst. Und es ist die Ironie der jüngeren Jagdgeschichte, dass

Hermann Göring, berüchtigt wegen seiner Uniform-, Ordens- und Titelsucht, den von Maximilian eingeführten Titel des Reichsjägermeisters fünfhundert Jahre später für sich selbst wieder aufleben ließ; zeitgleich zum Inkrafttreten des Reichsjagdgesetzes, welches die Trophäenjagd letztlich bis zum heutigen Tag festschreibt.

In diesem Kontext spielte die sich zeitgleich verbreitende Hubertuslegende eine konstitutive Rolle für das Selbstverständnis des edlen Weidmanns von hochadligem Blut. Unter ihrem Einfluss wurde die Parforcejagd ab dem 17. Jahrhundert zur herrschenden Jagdmethode der deutschen Fürsten. War sie zunächst nicht mehr als eine Mode einer auf Repräsentation ausgerichteten Jagdtechnik, wurde sie bald zum Umbruch im Denken der Zeit. Sie konstituierte eine neue Bedeutung des Wortes weidmännisch, indem die ökonomische Komponente der Jagd im herkömmlichen Sinn des Erbeutens von Fleisch oder der Wildschadensabwehr erlosch. Der Hirsch hatte im Verenden seine Funktion in der Parforcejagd und für die Veredlung des Fürsten erbracht. Sein Wildköper wurde mitunter den Hunden zum Fraß überlassen und es blieben seine knöchernen Stirnwaffen übrig. Kein Wunder, dass sie schließlich als Geweih bezeichnet wurden. Noch bis in die Barockzeit sprach man allgemeinsprachlich nur vom Gehörn der Hirsche. Das zum Geweih gewandelte Wort hatte ursprünglich mit dem Verb ›weihen‹ (in der Perfektform: geweiht) nichts zu tun. Tatsächlich stammt das Wort vom mittelhochdeutschen Wort ›Gewige‹ ab (= Geäst, aber auch das, womit man kämpft). Mit Ersatz des ›g‹ durch ein ›h‹ bekam der Begriff erst seine Hochwert-Bedeutung mit Bezug auf eine Weihe, um semantisch dem monarchischen Selbstverständnis im gleichfalls geweihten Heiligen Römischen Reich zu entsprechen. Je mehr die Fürstenstaaten nach weltlichem Ruhm strebten, umso mehr bedurfte das der ideologisch konstruierten Rechtfertigung des von Gott Gewollten, um ihren Absolutismus zu begründen. Es ist für das Selbstverständnis Friedrich II., des ersten aufgeklärten Monarchen Europas, bezeichnend, dass er die Jagdlust seiner Mitfürsten nicht nur mit Worten geißelte, sondern zeitlebens nie zur Jagd ging.

Während ich dieses Kapitel formulierte, fiel beim Auktionshaus Sotheby's in London der Hammer des Auktionators, und das Haus der Hohenzollern, dessen angesehenster Spross Friedrich II. war, wurde um 2,6 Millionen Euro reicher. Zugeschlagen wurde eine Hirsch-Preziose der besonderen Art, ein 29 Zentimeter hoher Trinkpokal in detailgetreuer Nachbildung eines Hirsches, den der brandenburgische Kurfürst Friedrich III., der spätere erste Preußenkönig Friedrich I. und Großvater des Alten Fritz, am 18. September 1696 nahe Fürstenwalde mittels Parforcejagd erlegt hatte. Das Ungewöhnliche daran war sein sechsundsechzig Enden zählendes Geweih, weshalb er nicht nur in Kupfer gestochen, sondern ihm und seinem fürstlichen Erleger zeitnah ein Denkmal an Ort und Stelle errichtet wurde, das sich bis in unsere Zeit erhalten hat. Es wurde von der finanzschwachen brandenburgischen Landesregierung restauriert und 1996 mit einer Gedenkfeier der Landesforstverwaltung zur 300. Wiederkehr dieses Glanzpunktes der Trophäenjägerei bedacht. Der Sohn des ersten Preußenkönigs, Friedrich-Wilhelm I. und Vater des Alten Fritz, schenkte anlässlich einer gemeinsamen Jagd mit August dem Starken von

Sachsen das gewaltige Geweih, welches dem Körpergewicht des gutgenährten Hirsches entsprach, dem befreundeten und nicht weniger gutgenährten Monarchen. Im Austausch soll er eine ganze Kompanie Langer Kerls erhalten haben – lebende Grenadiere wohlgemerkt im Austausch für Geweihknochen. Seitdem hängt es im Monströsensaal auf Schloss Moritzburg bei Meißen.

Die vergoldete Silberpreziose des Hirschpokals wurde um 1700 von dem Berliner Hofgoldschmied Daniel Männlich gefertigt und trägt mit Edelsteinen besetzt den Namen des fürstlichen Erlegers. Die hohe Qualität der Darstellung lässt kunsthistorisch darauf schließen, dass sie von niemand anderem als Andreas Schlüter entworfen wurde. Das Stück gilt deswegen als herausragendes Zeugnis der Berliner Gold- und Silberschmiedekunst des 17. und 18. Jahrhunderts. Das Kunstwerk von nationalem Rang war fast zweihundert Jahre verschollen, bis es Anfang des 20. Jahrhunderts im Kunsthandel auftauchte. Wilhelm II., das unbestritten schwarze Schaf der Dynastie und nicht nur als eifriger Trophäenjäger kein Abkömmling des kinderlosen Alten Fritz, erwarb es für das Haus Hohenzollern zurück. Der Trophäenkaiser hing persönlich daran und nahm es nach der Abdankung mit ins Exil nach Doorn, von wo es 1965 auf die Burg Hohenzollern gelangte und rechtzeitig vor der Überarbeitung des deutschen Kulturschutzgesetzes mit anderen zentralen Kunstschätzen genehmigungs- und straffrei ins Ausland verbracht wurde, um es versteigern zu lassen.

Um die untragbaren Wildschäden als Folge ihrer Jagdlust kümmerten sich die Fürstenhöfe über Jahrhunderte nicht. Die Fürstenlust entsprach dem Bauernfrust. Die lange Geschichte

Johann Elias Ridinger malte 1701 den gehetzten und zu Tode erschreckten Hirsch beim Sprung in der Abgrund. Er sollte mir 250 Jahre später begegnen und meine Einstellung zum Tierschmerz bei der Jagd prägen.

der Auflehnung gegen den Feudalismus – und damit eine Quelle unserer Demokratie – war eng mit der Jagd auf den Hirsch verbunden. Die Bauernkriege ab Ende des 15. Jahrhunderts waren wesentlich durch die Jagdexzesse provoziert, so zum Beispiel in Süddeutschland ab 1525. Historisch ist vielfach belegt, dass die politischen Forderungen zur Jagdfrage der Bauern an die Landesherren an vorderster Stelle standen. Erfüllt wurden sie nicht, und der Feudalismus trug durch die Bauernkriege kaum Schaden davon. Vielmehr erstarkte das alleinige Jagdrecht der Fürsten im 16. Jahrhundert sogar zum rechtsförmlichen Regal auf der gesamten Landesfläche – zeitgleich zur Auflehnung des Landvolkes. Das Jagdregal normierte die stringente Voraussetzung des Überlandjagens fürstlicher Parforcejagd, perfekt sanktioniert durch die Hubertuslegende, und erhielt den Rang eines mit absoluter Macht des Staates durchsetzbaren Privilegs – gleichrangig zur Gerichtsbarkeit und zum Münzrecht. Darin lag die Rechtfertigung der in der Geschichte der Gerichtsbarkeit überaus harten Bestrafung der Wilderei, die noch heute das geltende Strafgesetzbuch prägt.

Dieses Lustprivileg hielt sich in den Fürstenstaaten bis in den Vormärz des 19. Jahrhunderts. Beeindruckend war der Jagdaufwand, der den Höfen jährlich entstand; sei es für die zahllosen Jagdschlösser, die Hundemeuten, das aufwendige Jagdzeug, die prächtigen Jagduniformen, die Jagdkutschen und das umfangreiche Personal an Jagdlakaien, aus dem unter anderem das Forstwesen hervorging. Berüchtigt war die Jagdlust des Landgrafen von Hessen-Darmstadt, der sich eine sechsspännige Jagdkutsche, gezogen von abgerichteten Hirschen, leistete. Laut Berichten seien die Hirsche allerdings nur maximal für eine Stunde gefügig zu machen gewesen. Die unersättliche Jagdleidenschaft der gräflichen Regenten führte ihr Ländchen um 1780 schließlich bis an den Rand des Ruins.

Besonderen Aufwand betrieben die barocken Fürsten mit der Ausschmückung ihrer diversen Jagdschlösser. Zunächst stand nicht die Trophäe im Mittelpunkt ihres Interesses. Man präparierte und zeigte nur besonders abstruse oder extrem starke Geweihe, um sich seiner Jagdtaten zu brüsten. Teutsche Jagd und Parforcejagd waren Projektionsflächen des fürstlichen Machtanspruchs. Häufig ließ man deswegen die erlegten Hirsche und Erlebnisse von Hofmalern malen oder in Kupfer stechen, um damit zu repräsentieren. Die Darstellungen dieser jägerischen Tierquälerei haben sich in detailgetreuen Bildern einer angewiderten Nachwelt erhalten. Der angesehenste Hirschportraitist und Verleger dekorativer Grafik war Johann Elias Ridinger, der es mit seiner Werkstatt in Augsburg zu außerordentlichem Wohlstand brachte.

Während ich diese Zeilen schreibe, schaue ich auf einen Kupferstich Ridingers, den ich im Antiquariat entdeckte. Er zeigt einen Hirsch im Jahr 1701, der nach stundenlanger Parforcejagd in kopfloser Flucht mit gewaltigem Sprung in einen tödlichen Abgrund springt. Sein von Angst gezeichneter Gesichtsausdruck und seine von Panik verkrampfte Körpergestik erinnern mich an den ersten Hirsch, den ich als Zwölfjähriger ebenso kopflos flüchten sah. Ich hatte den Eindruck, dass Ridinger meinen Hirsch überaus treffend portraitiert hatte, obwohl er mir erst 260 Jahre später begegnete, um sich in mein Gedächtnis einzugravieren. Wenn ich mich morgens an den Schreibtisch setze, lässt dieser Stich des verzweifelt in den Tod springenden Hirsches meine Kindheitsgefühle wiederaufleben.

Dass die Parforcejagd im 19. Jahrhundert sogar noch in der nachfeudalen Jagd Frankreichs gepflegt wurde, hat Gustave

Gustave Courbet, Hirschjagd im Winter, *1867. Courbet malte tatsächlich den menschlichen Aggressionstrieb, der sich in der Parforcejagd sein Ventil sucht.*

Courbet 1867 festgehalten. Es war sein letztes Hirsch- und Szenengemälde vor seinem Tod 1877, was die Bedeutung des Gemäldes für sein Oeuvre unterstreicht. Courbet hat es mit dem fachlich zutreffenden Namen *Hirschjagd im Winter* (*L'Halali du Cerf*) bezeichnet, denn er war begeisterter Jäger und hatte vermutlich die Szene beobachtet. Angeregt von Landseer widmete er sich seit seinem Aufenthalt in Frankfurt am Main im Jahr 1858/59 gezielt der Hirschmalerei in der von ihm begründeten Malweise des Realismus. Anders als Landseer nutzte er das Hirschmotiv nicht zur Metaphorik politischer Verhältnisse, sondern malte als nüchtern beobachtender, emotional unbeteiligter Chronist aus keinem anderen Grund als dem, die Wahrheit wiedergeben zu wollen. Marie Luise Kaschnitz beschrieb in ihrer Courbet-Biografie 1949 seinen Realismus mit den Worten: »Die Wahrheit, nicht der Traum, die Wirklichkeit, nicht die Welt der Phantasie waren der Ausgangspunkt und das Ziel seiner Bestrebung.« Sie traf damit die eigentümlich verstörende, nichts mehr beschönigende Wirkung seiner Szenenbilder, die seinen revolutionären Ruf begründeten und ihn zum Protagonisten der Moderne erheben. Das Bild hält den Moment des Halali, also den schlussendlichen Tötungsakt, eines mittels Parforce gestellten Hirsches fest. Es ist die Momentaufnahme dieses aggressiven Höhepunktes und zeigt ihre erschütternde Grausamkeit. Es bleibt offen, ob der Jäger die Hunde mit der Peitsche zur Aggression antreibt oder den Hirsch zur Verteidigung anfeuern will, er ist die Quelle der Gewalt. Eine Steigerung dieser Gewaltexplosion ist kaum vorstellbar. Sie kontrastiert in dem sich erschrocken aufbäumenden Pferd des zweiten Jägers, der scheinbar ohne Empathie zuschaut und sein Pferd nur zu zügeln sucht. Courbet portraitierte die traurige Wahrheit der Parforcejagd als Zeitzeugnis ohne jegliche Übertreibung.

Das letzte eingestellte Jagen, der an den europäischen Fürstenhöfen als teutsch bezeichneten Jagdmethode, wurde 1812 von Friedrich I., König von Württemberg, abgehalten – also rund zwanzig Jahre nach der Französischen Revolution, dem Startschuss für den Untergang des Feudalismus. Das Dianenfest bei Bebenhausen war die Geburtstagsfeier des bedeutungslosen Monarchen. Beim ersten Eintreiben ins Jagdgatter wurden 813 Stück Wild erlegt, davon 116 Hirsche und 181 Stück weibliches Rotwild. Der König ließ sich das Dianenfest mehr als eine Million Gulden kosten – ein Aufwand, den Johann Baptist Seele in seinem berühmten Gemälde kaum festhalten konnte. Nach heutiger Wertvorstellung entsprach das einem Betrag von mehr als 25 Millionen Euro. Scheeles Gemälde hofiert dem königlichen Repräsentationsbedürfnis und bildete einen scharfen Kontrast zum Realismus Courbets. Er unterschlägt und verharmlost die Grausamkeit des festlichen Jagens, dass allein der Zahl der erlegten Strecke nach ein wahres Blutbad gewesen sein muss.

Auch wenn die bürgerliche Revolution in Deutschland von den Städten und gebildeten Schichten ausging, war die Jagdfrage essenziell für eine Unterstützung durch die Landbevölkerung und führte deshalb zum Ende der im Kern noch bestehenden Jagdregalität. In ihrer 91. Sitzung bestimmte die Nationalversammlung zu Frankfurt am Main: »Die Jagdgerechtigkeit auf fremden Grund und Boden, Jagddienste, Jagdfron und andere Leistungen für Jagdzwecke sind ohne Entschädigung aufgehoben. Jedem steht das Jagdrecht auf eigenem Grund und Boden zu.« Die ab dann unauflösbare Verbindung des Jagdrechts vom Eigentum an Grund und Boden der Bauern war eine echte Freiheitsreform wie wenige im Verlauf der Demokratiegeschichte. Bauern wie Hirsche schienen von den Exzessen der feudalen Jagd mit einem Mal befreit zu sein. Doch für den Hirsch galt: Einmal Sündenbock, immer Sündenbock! Für das Landvolk war der zu Schaden gehende Hirsch das Menetekel ihrer über Jahrhunderte ertragenen Unterdrückung und natürlich eine willkommene Fleischquelle. Es jagte mit scharfen Hofhunden, Mistgabeln und Forkeln, Knüppeln oder Flinten und löste das

Johann Baptist Seele, Das Festinjagen (Dianenfest) bei Bebenhausen, *1813/1814. Es ist künstlerische Freiheit, das Gemetzel aus Anlass des fürstlichen Geburtstages so adrett und geordnet darzustellen: Tatsächlich war es ein unbeschreibliches Blutbad!*

Problem vermeintlich endgültig. In nur drei Jahren war das Rotwild außerhalb der Adelswälder ausgerottet. Den nur teilentmachteten Fürstentümern gelang es aber, diese revolutionäre Errungenschaft schon bis 1851 durch jagdpolizeiliche Verbote wieder einzuschränken; in Preußen wurde beispielsweise ein Jagdpolizeigesetz eingeführt, das die Jagdausübung nur solchen Grundeigentümern erlaubte, die mindestens 75 Hektar zusammenhängende Grundfläche ihr Eigen nannten. Fortan wurde zwischen dem auf dem Papier garantierten Jagdrecht aus dem Grundeigentum sowie dem Recht, dieses nach dem sogenannten Reviersystem tatsächlich ausüben zu dürfen, unterschieden. Damit verloren wieder mehr als 96 Prozent aller Landbesitzer ihr tatsächliches Jagdausübungsrecht auf eigenem Grund und Boden. Ein Kunstgriff, der bis heute Gültigkeit behielt und erst kürzlich durch den Europäischen Gerichtshof für Menschenrechte eine Einschränkung im Sinne des Eigentum- und Tierschutzes erfuhr.

Gehegt in einem fremden Land

Die Bindung des Jagdrechtes an das Grundeigentum beseitigte nicht nur das Jagdregal, sondern entzog seinen Jagdtechniken die notwendige Verfügbarkeit großräumiger Jagdflächen. Sie war damit unbeabsichtigt auch ein Akt des Tierschutzes, denn sie beendete das über Jahrhunderte geübte Quälen des edlen Hirsches durch das teutsche Jagen und die Parforcejagd. Ab dann trat der Bürger und Bauer als kleinräumlich jagender Revierjäger an die Stelle des Fürsten und dessen Förster. Es verwundert deswegen nicht, dass gerade sie, die im Staats- und Fürstendienst standen, diese Entwicklung bekämpften. Sie fürchteten um ihre beamteten Jagdprivilegien und klagten über die bäuerlichen Schießer und Fleischjäger. Ihre Angst war berechtigt, denn in wenigen Jahren war das Rotwild, unter dem das Landvolk seit Generationen gelitten hatte, in Gemeinde- und Bauernwäldern ausgerottet. Die Standardwaffe der Bauern war die robuste, einfach zu führende Doppelflinte. Da es schon bald kaum noch Rotwild zu schießen gab, brauchten sie auch nichts anderes. Alles andere Wild, wie zum Beispiel Wildschweine und Rehe, ließ sich damit auf nahe Entfernung sehr gut zur Strecke bringen. Die Bauernjagd blieb deswegen bis zum Ende des Kaiserreichs formlose Zweckjagd mit Flinte und Falle. Sie hatte weder etwas mit der Jagd auf den vormals edlen Hirsch noch mit der Trophäenjagd gemein. Ihre wichtigste Funktion war, Schäden von den Feldern abzuwehren und das Gute mit dem Nützlichen zu verbinden, nämlich Fleisch oder Felle zu erbeuten. Die bäuerliche Jagd gehorchte dieser Nützlichkeit und wurde ein soziales Bindungselement des dörflichen Zusammenlebens.

Zur Ausrottung von Niederwildarten, wie etwa des heute bedrohten Rebhuhns oder Hasen, führte das nirgends. Im Gegenteil, die kleinbäuerliche Intensivlandwirtschaft der Familienbetriebe mit kombinierter Tier- und Pflanzenproduktion, Fruchtwechselbetrieb, Dauerweide im Sommer und winterlicher Stallhaltung des Viehs auf Stroh war ein Paradebeispiel für Kreislaufwirtschaft durch biologische Intensivierung. Sie löste das über Jahrhunderte scheinbar unlösbare Problem kontinuierlich zurückgehender Erträge mit biologischer Kreislauforientierung und machte den bäuerlichen Betrieb energieautark. Erstmals wuchs der Wohlstand auf den Dörfern, und Hungersnöte waren endgültig vorbei. Das Mosaik aus kleinteiligen Feldkulturen förderte die Artenvielfalt und Individuendichte der kulturbegleitenden Fauna und Flora erheblich. Es war die hohe Zeit der heimischen Artenvielfalt, der jeder Naturschützer nur noch nachtrauern kann. Es entstand die naturreichste Kulturlandschaft der zentraleuropäischen Kulturgeschichte, die auch dem Rotwild großräumig einen idealen Lebensraum geboten hätte. Aber als unmittelbare Folge des Reviersystems, verbunden mit der an Nützlichkeit orientierten Jagdfreiheit, wurde das seltene Schwarz- und Rotwild kurzgehalten, wenn es sich ausnahmsweise in die Feldmark verirrte oder zu Schaden ging. Es landete auf dem kürzesten Weg im Kochtopf. Ein Quälen im Dienste feudaler Ideologie, wie in den Jahrhunderten zuvor, war das nicht. Die Nutzjagd blieb so bis in die Zwanzigerjahre unprätentiös, effektiv und effizient.

Aber auch die Stadtjäger wurden von den Förstern zunächst abgelehnt. Sie gehörten zur wohlsituierten, meist selbstständigen Bürgerschicht oder zur höheren Beamtenschaft. Und man sah sie zum Wochenende mit Kutsche oder im Zugabteil erster Klasse im lodengrünen Jagdoutfit aufs Land reisen, ausgestattet mit Kugelbüchse, perfekter Jagdausrüstung, in edlem Loden und mit Picknickkoffer. Sie jagten wegen ihres wochentäglichen Erwerbs vor allem am Wochenende, wenn ihr Büro oder ihr Betrieb Sonntagsruhe hatte. Im Gegensatz dazu durften die Förster die Jagd als Profession auch während der Woche ausüben. Es lag also nahe, den bürgerlichen Stadtjäger als Sonntagsjäger zu verspotten. Der war ein Greenhorn, ein Neuling, der nichts von der Jagd verstand, sondern darin eine Möglichkeit sah, zum Adel aufzuschließen. Die bürgerlichen Milieus hatten bereits lange vor der Revolution von 1848 den Adel in seinem exklusiven Lebensstil beneidet und orientierten sich danach umso mehr daran, weil sie sich endlich gleichberechtigt fühlten. Man zeigte stolz, dass man jetzt Jäger war, posierte in den Ateliers der Fotografen kostümiert in zünftiger Jagdkleidung mit Hund und Gewehr vor gemalter Waldtapete und hatte nicht selten noch nie ein Stück Wild im Wald gesehen, geschweige denn erlegt – Sonntagsjäger eben. Kein Wunder, dass sie zum Gespött der Zeit wurden. Carl Spitzweg, der spätromantische Chronist unter den Pointenmalern, malte den Sonntagsjäger um 1850 in mindestens fünf verschiedenen Fassungen, jedes Mal in neuer, karikierender Szene. Er erfasste die Atmosphäre mit scharfem Auge und überzog den Stadt-

Na, schmeckt's? Scheint der Rehbock den überrumpelten Sonntagsjäger *(Carl Spitzweg, 1845) zu fragen.*

jäger mit spätbiedermeierlichem Spott: Der vom Rehbock im Wald überraschte Weidmann, Typ Onkel Doktor, mit zylinderähnlichem Hut und hellem Ausgehmantel, hat seine Büchse an den Baum gehängt, gönnt sich eine Vesper ... und verpasst die Chance auf sein Jagdglück. Es scheint, als zeige sich der Rehbock bei der Begegnung mit dem ach so gefährlichen Vertreter des aufstrebenden Bürgertums weniger erstaunt als der überrumpelte Sonntagsjäger.

Wer es sich finanziell leisten konnte, konkurrierte mit dem Adel und den Förstern, um seine pseudofeudalen Träume realisieren und das selten gewordene Rotwild jagen zu dürfen. Gustave Courbet malte einen solchen Wohlstandsjäger mit dem scharfen Blick des Realisten: Ein Schütze in perfekt gestyltem Outfit, mit Feder und Kokarde am Hut und mit Kugelbüchse in der Hand, tritt – von seinem Teckel hin gezogen – zum soeben verendeten Hirsch. Dieser ist an einem Bach in voller Flucht kopfüber zusammengebrochen und lässt abgekämpft seine Zunge (den Lecker) heraushängen. Courbets Gemälde zeigt die Dramatik des Todeskampfes bis zum letzten Atemzug. Diese Szene hätte in ihrer Gesamtkomposition einschließlich Jägeroutfit und Dackel genauso gut heute gemalt werden können. Tatsächlich malte er sie im Jahr 1859 während seines Aufenthalts in Deutschland und ordnete sie mit dem Titel *Der deutsche Jäger* (*Le Chasseur allemand*) unzweideutig der deutschen Bürger- bzw. Sonntagsjagd zu, die er im Taunus in der Realität kennenlernte. Fast zeitgleich schrieb Adalbert Stifter 1857 seinen großen Bildungsroman *Der Nachsommer.* Er gilt als Chronist des Biedermeiers, der den Leser mit seinem einfühlsamen Stil in die Atmosphäre der Zeit hineinzuziehen verstand. Im *Nachsommer* erzählt er die Geschichte eines behüteten städtischen Bürgersohns auf dem Weg zum reifen Mann. Auf seiner »Wanderung«, dem so betitelten zweiten Kapitel, in dem es um seine Loslösung vom Elternhaus geht, findet auch er einen verendeten Hirsch am Bach liegend, der von Hunden gehetzt zusammengebrochen ist. Beim Anblick des gequälten Tierkörpers ergreift ihn tiefes Mitgefühl. Er empfindet Jagd als Mord: »[...] sein Antlitz, das mir fast sprechend erschien, war gleichsam ein Vorwurf gegen seine Mörder. [...] Ich schlug jetzt einen anderen Weg ein. Der Hirsch, den ich gesehen hatte, schwebte mir immer vor Augen. Er war ein edler gefallener Held und war ein reines Wesen.« Stifter hat mit dieser zeitgleichen und zu Courbet fast identischen Szene die zentrale Gegenposition zur Jagd formuliert, die unaufhaltsam anwächst und politisch aktueller ist als je zuvor. Die Tierschutzbewegung, die vermutlich größte Bürgerbewegung unserer Gesellschaft, bezeichnet die Jagd heute mit demselben Ausruf: Jäger = Mörder!

Ab Mitte des 19. Jahrhunderts war die Jagd intern geprägt von konträren Einstellungen zum Rotwild, einerseits Beuteobjekt der bäuerlichen Nutzjagd und andererseits Hochwild der Eliten, die mithilfe der Schießjagd die vormals feudale Exklusivität des Hirsches in die neue Zeit hinüberzuretten suchten. Das gelang, als Kaiser Wilhelm II. 1888 den Thron bestieg und mit einer Reihe von Gesetzen die Jagdfreiheit des Landvolks weiter eingrenzte. Wilhelm hatte als linksseitig behindertes Kind früh gelernt, die Jagd zur Sublimierung seiner Defizite zu nutzen, und begann schon im zarten Alter von zwölf Jahren, sich als Elefanten- und Trophäenjäger in Indien zu betätigen. Bekanntlich war er der Lieblingsenkel von Königin Victoria und verbrachte viele Jahre seiner Kindheit am britischen Königshof. Man darf unterstellen, dass er den geadelten Lieblingsmaler seiner Großmutter, Sir Edwin Landseer, und dessen populäre Hirschmalerei kannte und schätzte. Es wäre kunst-

Gustave Courbet, Der deutsche Jäger, *1859. Courbet hätte auch den Jäger von Jagd heute ähnlich porträtieren können.*

geschichtlich interessant, inwieweit diese Prägung für die spätere Popularisierung des Hirsches zum deutschen Kitschmotiv entscheidend war. Sie beginnt nämlich mit der Regentschaft Wilhelm II. und beherrscht die deutsche Hirschmalerei bis zur Mitte des 20. Jahrhunderts, bringt aber durchweg kunsthistorisch unbedeutende Werke hervor, die man als Kitsch bezeichnet. Ihr Grundsujet zeigt einen Hirsch am Waldbach röhrend. Es idyllisiert und unterscheidet sich insofern von den heroischen britischen Vorbildern durch die Darstellung des Hirsches in seinem zutreffend dargestellten Lebensraum: Ein Hirsch röhrt in offener Waldlandschaft am Bach oder auf der Höhe in kühler Herbstluft mit dampfendem Atem. Auf die

Existenz des Jägers oder gar der Jagd wird zur Aufrechterhaltung der urig-heimeligen Waldidylle allerdings stereotyp verzichtet. Das entlarvt den eigentlichen Zweck, denn ab 1848 war der Hirsch vor dem gemeinen Volk zu schützen, und die Eliten, die sich ein Revier mit Rotwild leisten konnten, waren an der Offenbarung ihres exklusiven Beuteanspruchs weniger interessiert. Sie gerierten sich als (Natur-)Schützer des edlen Hirsches vor der vulgären Nutzjagd des Landvolks. Das entsprach in bemerkenswerter Kontinuität der untergegangenen Epoche mit ihrer Hubertuslegende, wonach Hirsche nur für die Eliten da sind. Das Grundsujet des friedlich röhrenden Hirsches wurde als billige Farblithografie zum populären Wohnzimmerschmuck. Sie zierte in Gold gerahmt bis in die Fünfzigerjahre des 20. Jahrhunderts die Wand über dem Sofa jedes dritten oder vierten Kleinbürgerhaushalts. Der mit Geweih gekrönte Hirsch ist selbst aus der Werbeindustrie nicht mehr wegzudenken, genauso wie sein stilisiertes Geweih im Wohndesign bis heute modern ist. In den Augen unserer europäischen Nachbarn gelten diese Bilder seitdem als Stereotypen deutscher Wohn- und Bildkultur. Tatsächlich gründen sie in der Zeit der Regentschaft Wilhelm II. und hatten keine tiefer schürfende Erklärung als die einer ideologisch zweckgerichteten Belehrung des leichtgläubigen Kleinbürgers. Der Hurra-Kaiser hat uns aber nicht nur diese populäre Form der Cervidophilie hinterlassen und damit unsere Wohnkultur nachhaltig verkitscht, sondern er begründete die Fehlorientierung der Jagd durch den Trophäenkult.

Wilhelm jagte noch als Kronprinz wie sein österreichisches Pendant Erzherzog Franz-Ferdinand zunächst in Kontinuität zur teutschen Jagd, nämlich orientiert an der Erlegung einer großen Zahl von Tieren. Doch der preußische Hofjagdmeister Fürst Pless machte seinen Einfluss auf den jungen Monarchen geltend, nicht der großen Strecke, sondern der Wahl nach zu jagen, also Hirsche nach dem Kriterium ihrer Geweihstärke zu erlegen. In den Revieren des Fürsten Pless in Schlesien wurden Hirsche seit Mitte des 19. Jahrhunderts erstmals mit Mastfütterung systematisch zur Geweihproduktion angeregt. Es ist dieser plessischen Haustradition zuzuschreiben, nämlich der systematischen Ausrichtung der Futterhege an der Geweihstärke, dass Wilhelm II. sich zum Trophäenjäger entwickelte und 1895 in Berlin die erste deutsche Trophäenschau abhielt. Dort belegten die Hirsche des Hauses Pless die vordersten Plätze. Dazu passte das Wiederaufleben des Hubertusordens, mit dem der Kaiser sich selbst auszeichnete und natürlich auch den Fürsten Pless. Er blieb zeitlebens der Lieblingsorden des Kaisers. Das heutzutage dem radikalen Tierschutz verhasste Sinnbild der Jagd – der nur in Deutschland überall in der Landschaft sichtbare Hochsitz – verbindet sich ebenfalls mit dieser kaiserlichen Selektionsjagd. Wilhelm II. schoss nur mit dem gesunden rechten Arm und musste deswegen das Gewehr auflegen, warum ihm, wo immer möglich, Hochsitze oder Erdstände errichtet wurden. Sie kamen durch ihn erst in Mode und prägen bis heute unser Landschaftsbild.

Das Jahr 1895 kann darum mit Fug und Recht als Geburtsjahr der Trophäenjagd gelten. Denn zeitgleich gründete sich 1895 auch die Zeitschrift *Wild und Hund* und veröffentlichte den zentralen Artikel zur Hege des Rotwildes, der später maßgeblich das Reichsjagdgesetz bestimmen sollte. Der zunächst

Sándor Szapary de Szapar, Darstellung eines Hirschgeweihs (Jagdtrophäe), erlegt auf gräflichen Jagden in Ungarn, *1901. Es war der Adel, den sich die Trophäenjagd der Sonntagsjagd zum Vorbild nahm.*

noch anonym veröffentlichte Artikel in der *Wild und Hund* 1895 trug die Überschrift »Die Hege mit der Büchse« und formulierte ein bis heute gültiges Programm. Sein Autor war der als jagdlicher Klassiker geltende Forstmeister Ferdinand von Raesfeld, in dessen Forstamt auf dem Darß in Nachfolge von Wilhelm II. nicht nur Göring, sondern später auch Erich Honecker und die Größen des Zentralkomitees der SED dem Weidwerk auf Medaillenhirsche nachgingen. Obwohl inzwischen Nationalpark, gilt der Darß immer noch als Traumrevier der Trophäenjagd auf den Hirsch. Es war kein Geringerer als der Führerstellvertreter Hermann Göring, der, bekannt durch seinen neofeudalen Lebensstil, nicht nur die Hofjagdreviere Wilhelm II. für sich reklamierte, sondern die Trophäenjagd endgültig und erstmalig gesetzlich festschrieb. Der Lobby des Deutschen Jagdverbandes, der seit dem Krieg führenden Vereinigung der vormals verspotteten Sonntagsjäger, gelang es sogar unter Führung ihres Generalsekretärs Ulrich Scherping, dem vormaligen Leiter von Görings Reichsjagdamt, das Jagdgesetz von 1952 dem Reichsjagdgesetz von 1934 nachzubilden. Es gilt bis heute und wurde so demokratisch geadelt. Die weidgerechte Jagd verbirgt sich seither geschickt hinter dem positiv konnotierten Begriff der Hege.

Das Revierjagdsystem von 1850 gilt seither unverändert und begrenzt alle Jagdmethoden der Schießjagd auf die engen Grenzen der Kleinreviere, die auch die Bewegungsfreiheit unserer Hirsche in der Landschaft – so wie sie sich im Verlauf der rasanten Zivilisationsentwicklung seit 170 Jahren geformt hat – bestimmen. Das könnte den Hirschen gleichgültig sein, denn auch außerhalb der häufig sehr kleinen Reviere ist unsere heutige Kulturlandschaft für ein verhaltensgerechtes Hirschleben vollständig ungeeignet.

Von Natur aus unterliegt das natürliche Raum-Zeit-Verhalten des Rotwildes tages- und jahreszeitlichen Rhythmen. Es differenziert sich mit Blick auf den Hirsch zusätzlich lebenszeitlich. Für beide Geschlechter ist die Einhaltung des als Wiederkäuer vorgegebenen Rhythmus unabdingbar, um sich am Tag alle drei bis fünf Stunden der Nahrungsaufnahme widmen zu können. Das setzt störungsfreie, offene Weideflächen und schnell erreichbare Rückzugs-, Flucht- und Deckungswälder voraus. Diese Ruhe- und Fluchtzonen, auch Einstand genannt, die das störungsempfindliche Wild im gegebenen Fall aufsuchen kann, ohne sein Standrevier verlassen zu müssen, sollten auch tagsüber Äsungsmöglichkeiten bieten, um das Schälen von Rinde der Hauptbaumarten Eiche, Buche, Kiefer und Fichte zu verhindern. Rotwild wird vor allem wegen artwidrigen Lebensraums zum schlimmen Schadfaktor der Waldwirtschaft. Im Gegensatz zur Realität monotoner Wirtschaftswälder sollten darum Wälder in ihren Einstandsbereichen stark nach Alter und Baumart differenziert sein, um das Wachstum von Äsungskräutern durch den sogenannten Wanderschatten – den Wechsel von Halbschatten und belichtetem Waldboden – zu begünstigen. Rotwild braucht auch Feuchtstellen im Wald, um zu suhlen, und liebt die Nähe zu Bächen und sumpfigen Einständen.

Verhaltensbedingt wird ein Hirsch spätestens im Alter von acht bis zehn Jahren zum grimmigen Einsiedler, der sich in weit entlegene, besonders ruhige Einstände zurückzieht. Diese können zehn bis dreißig Kilometer entfernt sein und werden über jahrhundertealte Pfade, sogenannte Fernwechsel, aufgesucht. Rotwild unternimmt von Natur aus jahreszeitlich bedingte Fernwanderungen in niedrige Gebirgslagen oder Niederungen großer Flüsse, wenn es noch möglich ist. Erfahrene Rotwildjäger kennen diese Fernwechsel, was beim Bau von Wildquerungsbrücken über Autobahnen berücksichtigt wird. Nach dem Fegen des frisch geschobenen Geweihs im Mai oder Juni – in der Jägersprache wird so das Abreiben der Geweihhaut an Bäumen und Sträuchern bezeichnet – wechselt der alte Hirsch in den Feisteinstand. Dort füllt er seine Energiereserven, die durch die Geweihbildung aufgezehrt wurden, vor der Brunft wieder auf. Von dort zieht er dann Ende September zum Brunftplatz, der störungsfrei und mit Altwäldern umgeben sein sollte. Häufig befinden sich Brunftplätze in weiter Entfernung der Feistreviere der Althirsche und werden von den Kahlwildrudeln gezielt aufgesucht. Sie, nicht der Brunfthirsch, bestimmen den Brunftplatz maßgeblich unter dem Aspekt ihres Sicherungsbedürfnisses.

Unter natürlichen Verhältnissen umfasst ein Kahlwildrudel drei bis vier Mutterfamilien, also maximal neun bis zwölf Tiere. Als Standrevier braucht es dazu einen halboffenen Landschaftsausschnitt von mindestens 400–800 Hektar der beschriebenen Qualität. Dieses Standrevier sollte auch nicht durch künstliche Grenzen regelmäßig kleinerer Reviere unterbrochen werden noch durch Beunruhigung geprägt sein. Ähnliche Raumansprüche braucht ein Rudel halbstarker Hirsche – die noch nicht im Zenit stehen, also drei bis sieben Jahre alt sind –, das sich wesentlich mobiler verhält als ein Kahlwildrudel. Es wechselt mitunter über weite Entfernungen in zeitweilige Einstände mit abwechslungsreicherer Krautflora. Kahlwildrudel aus Herden bis zu hundert und mehr Tieren signalisieren ungeeignete und störungsintensive Lebensräume und führen zu massiven, waldbedrohenden Flächenschäden. Sie sind mittelbar Folge des ausgeprägten Sicherungstriebs des Kahlwildes und werden durch falsche Bejagungsmethoden zusätzlich gefördert. Während meiner forstlichen Referendarzeit im Hochtaunus, der durch geschlossene Fichtenmonokulturen geprägt ist, gab es am nördlichen Taunusabfall, also nur circa fünfzehn Kilometer vom Rhein-Main-Ballungsraum entfernt, Rotwildherden, die nicht selten mehr als hundert Stücke umfassten. Sie waren durch scharfe Bejagung nicht aufzulösen und führten zu katastrophalen Waldschäden. Man könnte meinen, Rotwild entwickelte eine eigene Sozialstrategie, um ungeeignete Lebensräume durch flächige Waldvernichtung für sich geeigneter zu gestalten. Ließe man es gewähren, erzeugte es durch flächigen Rindenfraß teilbewaldete, lichte Offenlandschaften, die ihm nicht nur im Taunus überall fehlen. Das Rotwild hält unserer Forstwirtschaft mit ihren dunklen Monokulturen regelrecht den Spiegel vor. Zusätzlich sind die Wälder nicht selten durch Naherholungsverkehr extrem überlaufen und locken im Spätsommer den Brunfttourismus an. Sehr häufig findet darum die Brunft nur noch im Stillen statt, so auch im Hochtaunus. Der Hirsch brunftet dann entgegen seinem angeborenen Sexualverhalten nachts und im dunklen Bestand. Sein imposantes Geweih verliert so seine einzige Funktion, nämlich bei Tageslicht seinen Konkurrenten prächtig zu imponieren. Die luxuriöse Imposanz seines Prachtgeweihs wird damit endgültig zur puren Energieverschwendung.

Johnsten malt die Damhirsche nicht in ihrem ursprünglichen Lebensraum, d. h. in lichten, offenen und trockenen mediterranen Wäldern, sondern im dunklen englischen Forst.

Die Tragik seiner Umweltbeziehung wird überdeutlich: Der Hirsch muss sich in Lebensräumen, die ihm nicht im Geringsten zusagen, immer weiter vermehren. Sein starker Sicherungs- und Deckungstrieb, ausgerüstet mit den scharfen Sinnen für das Offenland, überdeckt alle anderen Triebe seines majestätischen Normalverhaltens und macht ihn, den sexhungrigen Macho, zum *Ritter von der traurigen Gestalt.* Sein vermeintliches Reich sieht in Deutschland so aus: Zerschnitten, wie sonst kaum in Europa; halbwegs unzerschnittene Räume gibt es vor allem in den dünnbesiedelten Agrarräumen Mecklenburg-Vorpommerns, Brandenburgs oder Sachsen-Anhalts. Das sind aber gerade die Länder, die durch industrialisierte Landwirtschaft monotone Großäcker erzeugen und exemplarisch für die Ausräumung und Verarmung unserer Kulturlandschaft stehen. Die Ackerschläge erreichen nicht selten Größen von über fünfzig Hektar und im Extremfall sogar von mehr als zweihundertfünfzig Hektar. Das ist die gesetzlich zulässige Größe für ein eigenständiges Rotwildrevier, also potenziell ein Maisacker ohne Baum und Strauch. Längst sind große Teile unserer Kulturlandschaft drainiert und künstlich ausgetrocknet. Mühselig versuchen Naturschützer, oft gegen den Widerstand der Industrieagrarier, die letzten Feldhecken zu erhalten oder verschwundene Bachrandgehölze überhaupt erst wieder anzupflanzen. Die Mittelgebirge sind zu Fichtenplantagen verkommen. Mit der aktuell laufenden Holzmobilisierung werden die noch vorhandenen Laubholzaltwälder aus Buche und Eiche verstärkt abgenutzt – so die forstlich korrekte und entlarvende Fachsprache. Diese real existierende Agrarlandschaft ist ausreichend statistisch beschrieben. Jeder kennt ihren Zustand, nicht zuletzt aus der Erfahrung als Lebensmittelkonsument und der Skandalberichterstattung im Fernsehen.

Das Raum-Zeit-Verhalten des Rotwildes sieht unter diesen Bedingungen wie folgt aus: Nervös sichernd verbleibt das Rudel tagsüber in der nahrungsarmen Dickung. Dort schält es die Baumrinde, um das drängende Nahrungsbedürfnis des Wiederkäuers zu befriedigen. In der Dunkelheit zieht es schließlich zur winterlichen Fütterung beziehungsweise zum sommerlichen Futterschlag, um seinen Energiebedarf zu decken. Rechtzeitig in der Morgendämmerung wechselt es wieder in seine dunklen Tageseinstände, die sein Sicherungsbedürfnis befriedigen. Auf dem Weg zur Futterstelle lauert ihm der Jäger auf dem Hochsitz auf. Um die stetige Vermehrung zu limitieren, darf er in vielen Bundesländern sogar nachts jagen, also im einzigen Zeitfenster, das dem Rotwild zur ungestörten Nahrungsaufnahme verbleibt. Der Jäger erwischt die Unvorsichtigen und selektiert so die Population seit 1934 auf die immer scheueren und ängstlicheren Tiere. Den Hirschen droht fast das ganze Jahr über diese Todesgefahr, denn sie können nicht unterscheiden, ob der Jäger, der auf dem Hochsitz ansitzt oder durch den Wald schleicht, Rehe, Wildschweine oder sie selbst erlegen will. Echte Jagdruhezeiten und -räume wie zum Beispiel in Schweden oder Alaska kennt das deutsche Jagdrecht nicht. Die hochsensiblen Tiere spüren, dass ihnen potenziell von jedem Menschen der Tod droht, und sind vor Todesangst gestresst. Sie lernen deswegen schnell, Räume zu identifizieren, in denen, wie zum Beispiel auf Truppenübungsplätzen trotz täglichen Übungsschießens, keine Gefahr droht. Sie kehren selbst auf den Schießbahnen zu ihrem natürlichen Wiederkäuer-Rhythmus zurück und lassen sich, wie in Nationalparks, wo die Jagd stark beschränkt wird, tagsüber trotz der über sie hinwegfliegenden Übungsgeschosse beobachten. Es ist die überall lauernde Todesgefahr des Jägers, die sie am meisten stresst und heimlich macht.

Ich hatte in meinem Leben mehrfach die Gelegenheit, in sehr unterschiedlichen Störungsräumen Rotwild zu jagen. Rotwildjagd im Hochtaunus, für den ich später als junger Forstdirektor in der Forstdirektion zuständig war, bedeutete Verharren im Nachtansitz oder in winterlicher Zeit Ansitztreiben an monotonen Fichtendickungen. Nur sehr selten gelang es, ein Stück am Tag zu erlegen. Entsprechend schoss ich Rotwild ausschließlich nachts oder auf dem Rückwechsel in der Morgendämmerung, bevor Tagestouristen das Revier bis zur Dunkelheit wieder in Beschlag nahmen. Rotwildjagd ist nicht nur im Taunus familienfeindlich und schlafraubend. Ich erinnere mich an eine Ausnahme: an einen jungen Hirsch, den ich an einem schneereichen Januartag im Forstamt Weilrod erlegte. Ich saß wie alle anderen Schützen an einer circa vierzig Hektar großen Fichtendickung an. Sie war flächig geschält und ein trauriges Bild der Waldbaukunst. Vom Hochstand aus konnte ich eine zweihundert Meter lange mit Klee eingesäte Schussschneise einsehen, auf der ich zügig wechselndes Wild kaum erlegen konnte. Forstamtsleiter Wagner verzichtete aus Erfahrung auf das Jagdsignal zu Beginn eines Treibens und ging nach vorsichtigem Anstellen der Schützen mit zwei Hunden selbst mehrmals von verschiedenen Richtungen durch die Dickung, um das Wild zu beunruhigen. Ein Kahlwildrudel mit rund dreißig Tieren und ein Halbstarkenrudel wichen präzise sichernd der Störung aus. Dazu überfielen sie die Jagdschneisen an etlichen Stellen, ohne dass einem der Schützen ein Schuss möglich wurde. Es gelang dem erfahrenen Rotwildjäger Wagner nicht, seinen Jagdgästen einen Schuss auf das sich drückende Rotwild zu ermöglichen. Trotz vielfachen Anblicks fiel kein Schuss, und das Rotwild blieb geschickt in der Dickung, die es sich zum Flucht- sowie Tag- und Nachteinstand gemacht hatte. Frustriert bedeutete er mir im Vorbeigehen zum Sammelplatz, die Jagd abblasen zu wollen. Er war kaum meinem Blickfeld entschwunden, da wechselte das Rudel halbstarker Junghir-

Die treffende Darstellung zeigt den bevorzugten Lebensraum des Rehs, den Waldrand.

sche zum vierten Mal in Schussentfernung die Jagdschneise, an der ich ansaß – just als ich meine Büchse entladen wollte. Zu meiner Überraschung sicherte das Rudel jetzt erstmalig auf der Schneise, äugte und witterte, das Ende der Jagd offenkundig wahrnehmend. Ich zögerte nicht. Ein junger Achtender stellte sich auf Schussentfernung quer, und ich konnte seine durch Kolbenbruch in der Schiebephase klumpig verwachsene rechte Geweihstange ansprechen. Sie hatte sich als unförmiger Pendelkolben ausgewachsen und zeigte die Fluchtverletzung an, die er als junger Hirsch vermutlich auf einer der vielen Landstraßen erlitten hatte. Seine Verletzungen am Körper waren äußerlich stark vernarbt. Ich schoss ihn freistehend, just als das Signal ›Jagd vorbei‹ erscholl und die Hirsche die Gefahr als vorüber wähnten.

Es gab aber auch noch Reviere mit geeigneter Lebensraumstruktur. Als junger Forstrat im Forstministerium wurde ich jährlich am Abschuss in den staatlichen Gatterrevieren beteiligt. Im Zweijahresrhythmus erhielt ich den Abschuss eines geringen Hirsches im Gatterrevier Edertal am Südufer des Edersees zugeteilt. Es bestand zu achtzig Prozent aus strukturreichen Eichen- und Buchenwäldern, Blockschuttwäldern, Hangwäldern mit Edellaubholz, Eichentrockenwäldern etc. in einem stark durchschnittenen Mittelgebirgsrelief, mit tiefen Bacheinschnitten, zahlreichen Wiesentälern, Feuchtbiotopen und anderen topografischen Strukturelementen durchsetzt. Dazu war das Revier mit rund sechzig Quadratkilometern Ausdehnung fast vollständig unzerschnitten und wurde ab September noch zusätzlich zur Beruhigung der Hirschbrunft vom Besucherverkehr ausgenommen. Traumhafte Verhältnisse, die sich nicht nur in der Lebensraumqualität für das Rotwild widerspiegelten, sondern einen großen Teil der bedrohten Fauna und Flora Hessens beherbergten. Diese außergewöhnliche Vielfalt führte zwanzig Jahre später zur Ausweisung des Gatterreviers zum heutigen Nationalpark Kellerwald-Edersee. Uns jüngeren Forstkollegen standen dort urige Jagdhütten zur Verfügung. Mir wurde ein Hirsch der Klasse IIb freigegeben, ein sogenannter Abschusshirsch mit schwacher Geweihbildung. Ich meldete mich beim zuständigen Revierförster telefonisch an. Doch zu meiner Überraschung gab er mir den Rat, genügend Lesestoff, Bier und Schnaps mitzubringen, denn ich hätte die Sache ziemlich schnell hinter mich gebracht, und es würde mir sonst drei Tage langweilig in der Hütte. Ich hielt das vor dem Hintergrund meiner Taunuserfahrungen allerdings für ziemlich unrealistisch. Zum verabredeten Zeitpunkt, elf Uhr vormittags, fand ich mich an einem sonnigen Septembermorgen aus Wiesbaden kommend an der Revierförsterei ein. Der Förster erklärte mir, er wolle mir zwei oder drei Waldbachtäler zeigen, die ich tagsüber abpirschen könne, ohne den Brunftbetrieb zu stören, denn das Rotwild sei in seinem Revier ganzjährig tagaktiv. Ich stieg zu ihm ins Auto, und wir kamen schon nach etwa fünfhundert Metern an ein Wiesentälchen, das vom Weg im Waldesrand gut einzusehen war. Wir verließen den Wagen und gingen circa zweihundert Meter entlang des idyllischen Bachtälchens. Nicht weit über uns, hangaufwärts, waren zwei alte Hirsche zu hören, und der Förster deutete mir an, wir seien nicht weit von einem Brunftplatz im lichten Altholz entfernt. Wir gingen gegen den Wind bergauf, und ein Rudel jüngerer Hirsche wechselte uns ruhig äsend auf der sonnen-

Brehm beschrieb bereits um 1850 die Problematik des Lebensraums des Rothirsches. Es sollte noch viel schlimmer kommen.

beschienenen Wiese entgegen. Der dritte Hirsch entsprach meiner Freigabeklasse. Der Förster flüsterte, ich könne ihn schießen, wenn ich wolle, aber mir kämen in den nächsten Tagen sicher auch noch bessere IIb-Hirsche zu Gesicht. Ich entschloss mich trotzdem zum Schuss und erlegte in vollständiger Ruhe freihändig den auf achtzig Meter ruhig äsenden Hirsch vom sogenannten vierten Kopf, ein schwacher Achter mit doppelseitiger Krebsgabel, die erfahrungsgemäß später nicht zur Kronenbildung führt und ihn nach den gewillkürten Regeln der Trophäenjagd als einen zum Abschuss notwendigen Hirsch klassifizierte. Meine Jagd war also keine dreißig Minuten nach meiner Ankunft erfolgreich beendet. Als ich anschließend die Hütte bezog, waren bereits zwei junge Kollegen angereist; auch sie schossen noch am selben Tag im hellen Licht und mit Brunftkonzert im Hintergrund ihren Hirsch. Wir verlebten die Tage, tagsüber mit dem Fernrohr pirschend und abends zünftig brutzelnd und zechend in der Hütte, ganz so, wie es mir der Revierleiter am Telefon vorhergesagt hatte. Es waren unvergessliche Tage, die uns Rotwildjungjäger durch die Ruhe ungestörter Hirschbegegnungen im goldleuchtenden Herbstwald verzauberten. Vergleichbares erlebte ich später nur noch in Alaska und bei winterlichen Elchjagden im hohen Norden. Seit jenem Hirscherlebnis wusste ich, was unserem Rotwild fehlt und was das Ziel jeder Rotwildhege sein sollte.

Die drängende Frage ist: Kann man die Jagd auf den Hirsch wegen seiner Trophäe und unter Inkaufnahme seines Lebensraumzwangsverzichts ethisch verantworten? Eine Hegejagd auf gestresste Angstpopulationen, deren natürliches Raum-Zeit-Verhalten vollständig vom Sicherungstrieb überdeckt wird? Zumal der sogenannte Erntehirsch im Alter von über zehn Jahren im erstrebten Trophäenideal eines doppelseitigen Kronenhirsches eine ganze Populationspyramide aus Kälbern, Junghirschen und weiblichen Tieren voraussetzt. Sie teilen allesamt das Schicksal des Lebensraumzwangsverzichts jedes Erntehirsches an ihrer Spitze und leben damit sprichwörtlich in Sippenhaft. Wie in der industriellen Tierproduktion haben Hirsche kein artgemäßes Leben; sie werden halbdomestiziert am Futtertrog gehalten. Tiere, die zudem in der Agrarsteppe mangels Großräuber kaum noch eine ökologische Funktion erfüllen, sondern zu Schadfaktoren degenerieren. Aus diesem nüchternen Blickwinkel bewertet, hat Rotwildjagd nichts mit Naturschutz zu tun und ist begründet in der Trophäe tierethisch und landschaftsökologisch unverantwortlich. Tiervater Brehm hat das 1865 in seiner *Allgemeinen Kunde des Thierreichs* vorausgesehen. Das sechsbändige Werk gehörte hundert Jahre lang in jeden Bildungshaushalt und war über Generationen das Standardwerk der Tierkunde: »Gegenwärtig ist dieses edle Vergnügen [die Jagd auf den Hirsch, Anm. d. Verf.] schon außerordentlich geschmälert worden, und die meisten der jetzt lebenden Jäger von Beruf [also die Förster, Anm. d. Verf.] haben keinen Hirsch geschossen: solches Wild bleibt für vornehmere Herren aufgespart. […] Leider ist der Schaden, welchen das Rotwild anrichtet, viel größer als der Nutzen, den es bringt. […] Ein Hochwildstand [also ein Rotwildbestand, Anm. d. Verf.] verträgt sich mit unseren staatswirtschaftlichen Grundsätzen nicht mehr.« Er schrieb diese Zeilen zu einem Zeitpunkt, als unsere Agrarlandschaft noch in Ordnung war, und meinte damit vermutlich die sich abzeichnende Entwicklung der Forstwirtschaft. Wie würde Brehm angesichts des Endzustandes unseres Waldes und unserer Agrarlandschaft wohl heute urteilen? Er konnte allerdings die Auswüchse der wenige Jahrzehnte nach ihm dominierenden bürgerlichen Sonntagsjägerei und ihre magische Orientierung an der Hirschtrophäe kaum vorhersagen. Sie prägte schon wenige Jahre später das Prestigedenken der Eliten des Kaiserreichs, angeführt von Wilhelm II. und seinen Forstleuten. Letztendlich verhalf sie dem Hirsch zu einer räumlichen Ausbreitung, wie er sie zuletzt in feudaler Zeit vor 1800 innehatte, nämlich auf heute fast vierzig Prozent der deutschen Waldfläche mit einem Schwerpunkt im ehemals sozialistischen Osten trotz seiner Agrarwüsten und Kiefernstangenäcker. Und ausgerechnet aus der zu Brehms Zeiten noch allseits verspotteten Sonntagsjägerei ging die Trophäenjagd heutiger Geldeliten hervor. Sie erlegen inzwischen das Fünf- bis Sechsfache an Rotwild im Vergleich zum Zeitpunkt des Erlasses des Reichsjagdgesetzes 1934. Das, was sie am Hirsch so fasziniert und was sie zu seiner Überhege motiviert, seine Trophäe, ist indessen als Selektionskriterium des Wildtiermanagements fragwürdig und verhindert die gesellschaftliche Akzeptanz der Jagd.

Jean-Baptiste Oudry, Hirschkopf mit deformiertem Geweih an einer Steinwand, 1750. Es waren die absonderlichen Geweihe, die den Adel in der Barockzeit veranlassten, mit seinen Trophäen zu prahlen.

Geweihe – Schicksal oder Zeichen der Macht

Am Heiligabend bestand meine Mutter darauf, das Fernsehen ausgeschaltet zu lassen – nur 1971 stieß sie bei meinem Vater und mir auf Widerstand. Die Reportage *Bemerkungen über den Rothirsch* des damals führenden Naturjournalisten Horst Stern stand im Kontrast zum wärmenden Fest unterm Weihnachtsbaum im Programm. Die Sendereihe hieß *Sternstunden,* und das waren sie – Sternstunden des Journalismus. Das Publikum war begeistert über die seinerzeit erfolgreichste Naturreportage, die heute noch fast jeder Jäger kennt. Sie war ein notwendiges Komplement zu Disneys *Bambi*-Film. Stern begann mit den Worten: »Ein Renditedenken, das selbst das Schicksal der Nation am Börsenzettel abliest, hat aus dem Wald eine baumartenarme, naturwidrige Holzfabrik gemacht. So pervertiert ist der Wald, dass der Rothirsch aus Mangel an natürlichem Nahrungsangebot einerseits und ungezügelter Vermehrung andererseits zum Waldzerstörer geworden ist. […] Der menschliche Wolf versagt. Er ernährt sich von Kalbfleisch und jagt den Hirsch als Knochenschmucklieferanten für die Wand über dem Sofa.« Das saß bei den Weidmännern unterm Weihnachtsbaum. Meine Mutter amüsierte sich köstlich, hatte sie doch gegen deren Protest darauf bestanden, das Wohnzimmer von Trophäen freizuhalten. Außerdem durfte mein Vater wegen Zipperlein in den Zehen infolge seines feuchtfröhlichen Lebens nur Fleisch vom Milchkalb essen; und dann wurde der stolze Trophäen-

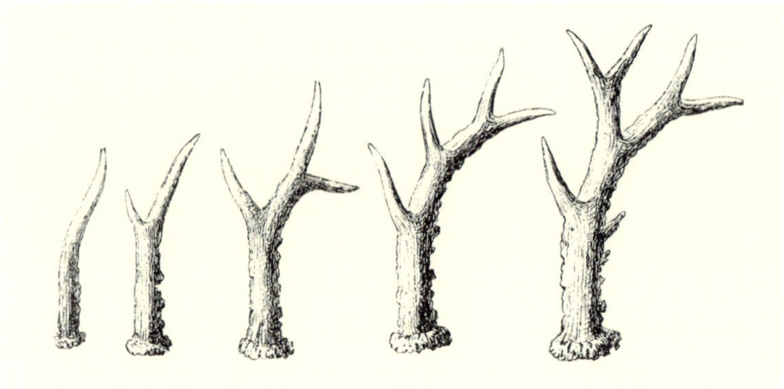

Verschiedene Stufen des Rehgeweihs. V. l. n. r.: Spießer, Gabler, Sechsender, Achtender, Zehnender. Das normale Gehörn endet mit dem Sechsender.

jäger auch noch als Knochenschmucklieferant verunglimpft. So viele Analogien auf einmal machten ihn nachdenklich: Das Diskussionsthema über dem Weihnachtsbraten vom Rehrücken in Burgundersauce war gefunden. Ab dann wurde im Jagdkreis meines Vaters heftig über den Wert der Trophäe gestritten, und Sterns *Bemerkungen über den Rothirsch* brachten für das jagdliche Fußvolk unerwartete Erkenntnisse zum Vorschein. Selbst die Institute für Jagd- und Wildbiologie an den forstlichen Fakultäten begannen, sich von den Jagdverbänden zu emanzipieren, denn der wildbiologische Erkenntnisstand war wissenschaftlich seit Langem bekannt. Er wurde beim Erlass des Reichsjagdgesetzes aus ideologischen Gründen unterdrückt und bei der Abfassung des Bundeswaldgesetzes stillschweigend ignoriert. Deswegen gilt in Deutschland: Gesetzliche Jagd ist Trophäenjagd – und bei der Hohen Jagd auf den Hirsch geht es um das Geweih und sonst nichts.

Entwicklung des Edelhirschgeweihs. V. l. n. r.: Spießer, Gabler, Sechsender, Achtender, Zehnender, Kronen-Zwölfender.

Es wächst dem Hirschkalb bereits am Ende seines ersten Jahres, noch während seiner Zeit im Mutterrudel, zunächst nur als schlichtes Spießgeweih ohne die Seitensprossen, sogenannte Enden. Deren spätere Anzahl sagt nichts über das Alter des Hirsches aus. Normalerweise stößt jeder Körper tote Substanzen ab oder baut sie allmählich wieder in seinen Stoffwechsel ein. Nicht so beim Geweih des Hirsches, es wird abgeworfen und jährlich neugebildet. Dieser Geweihzyklus kostet den Wildkörper einen ungeheuren Energieaufwand, der in den Monaten des Schiebens, der alljährlichen Geweihwachstumsphase von Februar bis Juni, den des Körperaufbaus mehrfach übersteigt. Erst nach körperlicher Ausreifung hat der adulte Hirschkörper Überschussenergie zur maximalen Geweihbildung übrig. Infolgedessen wird erst vom neunten Lebensjahr an die volle Ausformung des Geweihs durch den verfügbaren Stoffwechsel möglich. Als toter Knochen mit kurzer Funktion ist das Geweih ein beachtlicher Mineralspeicher, dessen Aufbau die gezielte Zufuhr von Aufbaustoffen wie Kalk, Phosphor und Vitaminen notwendig macht. Eine vielfältige, natürliche Kraut-und Pflanzennahrung sind darum das Ideal, welches künstliche Fütterung nur bedingt ersetzen kann. Dieser physiologische Zusammenhang lässt Geweih- und Köpergewicht eines Hirsches eng korrelieren.

Der Geweihzyklus beginnt mit dem Wachstum der Kolben, die zunächst durchblutet und mit pelziger Haut überzogen sind. Nach der Brunft steuert ein spezielles Wachstumshormon bei gleichzeitigem Rückgang des Sexualhormons Testosteron diesen Vorgang. Der Hirsch ist zu dieser Zeit zeugungsunfähig. Mit Wiedereinsetzen der Testosteronproduktion etwa im Juni wird das Kolbenwachstum eingestellt, das durchblutete Gewebe verkalkt, und die pelzige Haut beginnt abzusterben und wird an jungen Bäumen abgefegt. Das Geweih hat zunächst eine kalkige Färbung, die erst durch das Fegen seine individuelle Farbe aus charakteristischen Braun-Weiß-Tönen annimmt. Ende September erreicht die Testosteronkonzentration zur Brunft ihr Maximum und bedingt den Höhepunkt der sexuellen Aktivität, um danach wieder zurückzugehen; womit der Geweihzyklus von Neuem beginnt. Der Zyklus ist nichts anderes als der energieaufwendige Spiegel jährlicher sexueller Reifung und damit im Grunde genommen biologisch überflüssig – ein verschwenderischer Luxus der Natur, den die Evolution im Sexualverhalten anderer Säugetiere zu verhindern wusste.

Die Geweihform, ihre Endenzahl und ihr Potenzial sind erblich, die tatsächliche Stärke des Geweihs, sein Gewicht in Kilogramm, an dem sich die Trophäenjäger messen, dagegen

Jean-Jaques Bachelier, Abnormes Damhirschgeweih, von vorn gesehen, *1757. Sehr häufig wurden die Geweihe nicht präpariert, sondern von den Hofmalern als Geweih oder als lebender Hirsch porträtiert.*

umweltbedingt. Die Stärke eines Geweihs zeigt darum nicht die genetische Fitness als Erbträger an, wie wider besseres Wissen behauptet wird, sondern nur dessen genetisches Potenzial in enger Abhängigkeit zum konkreten Lebensraum. Die Geweihmasse ist, so formuliert es die Wissenschaft, primär eine Frage des Phänotyps und nicht des Genotyps. Es ist unsere Kulturlandschaft, die den Ernährungszustand des Hirsches und damit die Pracht seines Geweihs determiniert, neben anderen Qualitäten seiner Umwelt, wie die bereits angesprochene Störungsfreiheit, Kleinteiligkeit der Kulturen, Deckungsstruktur, Unzerschnittenheit seines Lebensraums, Altersaufbau und Geschlechterverhältnis der Population etc. Das ist wildbiologischer Konsens unter allen namhaften Autoren, die sich als *Rotwildpäpste* in führenden Monografien zum Rotwild äußern. Da Jäger es tatsächlich besser wissen, als sie öffentlich zugeben, füttern sie ihr Rotwild unter hohem finanziellen Aufwand und leugnen den wahren Grund. Sie müssten sich nämlich alternativ zur Fütterung mit ziemlich mickrigen Geweihen zufriedengeben, so wie einst die Bauernjäger vor 1934, denen das aber nichts ausmachte. Deswegen ist die Fütterung ein Problem, um das politisch endlos gestritten wird. Wenn also die Jagdverbände mit einem internationalen Punktbewertungssystem Trophäen vor allem nach dem Kriterium der Geweihstärke auszeichnen, treffen sie tatsächlich ein Werturteil über den Lebensraum des erlegten Hirsches oder seinen Ernährungszustand infolge von Halbdomestikation an der Futterraufe des jeweiligen Revierinhabers. Gleichwohl schwillt die Brust des prämierten Schützen, der nicht selten für die Verschlechterung des Lebensraums mitverantwortlich ist. Ist ein Lebensraum ungeeignet, was in Deutschland die Regel ist, sollte man entweder auf Rotwild verzichten oder muss es füttern. Nicht nur in der winterlichen Notzeit, wie gesetzlich zugestanden, sondern vom Herbst eines Jahres bis zum Juni des nächsten, also volle neun Monate und mit wechselnder Qualität und Zusammensetzung, um starke Trophäen heranzumästen – ein Vergleich zum Dopingsport liegt nahe. Unter der Bedingung der Halbdomestikation Hirsche zu hegen, um sie danach mit zwangsläufig imperfekten Jagdmethoden zu erlegen, ist aber ethisch schwerer zu rechtfertigen als eine Bullenmast mit schlussendlich hundertprozentiger Tötungseffektivität. Jagd ohne Tierschmerz bleibt pure Theorie.

Das Problem, um das es geht, konkretisiert die Kernfrage der Rotwildjagd schlechthin, die jagdpolitisch unterdrückt wird: Kann man die Hege von hochsensiblem, ökologisch und verhaltensbiologisch anspruchsvollem Rotwild in unserer Kunstlandschaft überhaupt verantworten? Und das primär wegen ihrer Trophäe? Der Schlüssel zur Lösung des ethischen Problems liegt in den Lebensraumansprüchen des Rotwildes, die man ihnen gewähren muss, wenn man sie bejagen will. Sie spiegeln sich unverfälscht im beschriebenen Verhalten natürlich lebender Populationen wider. Wer sie erlebt, ist fasziniert von der Würde, Gelassenheit und Ruhe, die sie als tagaktive Tiere ausstrahlen, sowie von ihrer jahres- und lebenszeitlich variierenden Sozialordnung. Sie sind dann wahrlich majestätische Individuen in einer hochkomplexen Hirschgesellschaft.

Ihre Geweihe sind indessen biologisch wertlos; eine Form der Energieverschwendung des Wildkörpers. Die fachsprachliche Funktion von Stirnwaffen haben sie nur im seltenen Fall des Todeskampfes in letzter Minute, wenn eine Flucht ausgeschlossen ist. Ältere Hirsche werfen ihr Geweih sogar ab, wenn sie es am ehesten gebrauchen könnten, nämlich in den schneereichen Monaten Februar und März. Dann könnten sie unter natürlichen Verhältnissen potenzielle Beute eines Wolfrudels sein. Zwar wird innerartlich das Geweih zum Knuffen bei Rangkonflikten oder beim Herden des Kahlwildes benutzt. Dieser Zweck ist aber im Verhältnis zum kraftzehrenden Wachstumsaufwand extrem ineffizient. Erst recht hat es keine Signalfunktion für die genetische Fitness eines Platzhirsches. Die Hindinnen haben gar nicht die Qual der Partnerwahl, denn diese ist Ergebnis des Brunftkampfes, der immer zwischen etwa gleichstarken Hirschen stattfindet.

Beim Aufeinandertreffen eines Brunfthirsches mit seinem Herausforderer kommt es zu einem stark ritualisierten Schaukampf unter aufmerksamer Beobachtung schwächerer Beihirsche. Dieses auch als Schiebekampf bezeichnete Kräftemessen führt nur im seltenen Ausnahmefall zum Tod oder zu schwerer Verletzung. Das Kampfritual ist genetisch fixiert und richtet sich darauf, den Kampf durch Imponierverhalten und nicht durch einen blutigen Sieg zu entscheiden. Entsprechend sind die Enden des Geweihs so angeordnet, dass sie einen Schiebekampf ermöglichen und in der Regel nicht verletzen. Extrem selten kommt es zu einer Verkeilung der Geweihe, was zum Genickbruch eines der Hirsche und nachfolgend zum qualvollen Tod des anderen führt. Auch wenn es angesichts des martialischen Kampfes mit Brunftgeschrei und lautem Stangenknallen schwerfällt zu verstehen; es ist ein Kampf gegen Windmühlen, den der Imponierendste, Schönste und Ausdauerndste gewinnt – ein eindrucksvolles Bühnenschauspiel der Natur.

E. Dichtl, König der Berge. *Farbpostkarten vom röhrenden Hirsch wie diese kamen ab 1900 in Mode und gaben die Motive bekannter Jagdmaler wieder. Sie hingen als großformatige Chromlithos über dem Sofa vieler Kleinbürger.*

Der hohe Testosteronspiegel macht den Hirsch blind vor Begierde und veranlasst ihn zum Brunftschreien. Mancher Rotwildjäger macht daraus eine Wissenschaft mit eigener Fachsprache: Da knorrt, schreit, röhrt, orgelt oder trenzt ein Hirsch in vermeintlich altersabhängigen Tonlagen, obwohl die Lautäußerungen individuelle Tonfolgen sind, die nur der Triebabfuhr dienen. Einen echten Kommunikationszweck erfüllen sie nicht. Die Tonhöhe ist nicht einmal ein verlässliches Zeichen des Alters eines Hirsches. Das Brunftkonzert wird in nationalen Jägermeisterschaften um den besten Hirschrufimitator nachgespielt und setzt der Triebabfuhr des Hirschrufs die ironische Krone der Hirschtümelei auf. Dessen sind sich die Teilnehmer oft nicht bewusst. Sie faszinieren umso mehr eine ratlos staunende Öffentlichkeit, die zur Brunftzeit in die Wälder strömt, um vom akustischen Originalspektakel etwas mitzubekommen.

Der Brunfthirsch beschlägt im Zustand höchster Erregung mitunter sogar angeschossene Beihirsche, da ihn der Schweißgeruch (das ist in der Jägersprache das Blut des Wildes) ähnlich anzulocken scheint wie der Östrus einer Hindin. Ich habe im Hochtaunus als Forstreferendar in dem mir zugewiesenen Revier Ähnliches erlebt: In den Tagen der Nachbrunft Mitte Oktober wechselte mehrfach ein älterer Rehbock abgehetzt und von einem tief röhrenden jungen Hirsch getrieben die Blöße, an der ich ansaß. Erst als der Rehbock nach etwa zwanzig Minuten unter lautem Getöse verfolgt und mit letzter Kraft röchelnd zum dritten Mal querte, entschloss ich mich zum Schuss über den im dreißig Meter Abstand folgenden Hirsch hinweg. Tatsächlich ließ er irritiert ab und flüchtete in den Hochwald zurück. Ich saß noch bis in die Dunkelheit, konnte aber keine weitere Verfolgungsjagd mehr beobachten und verließ den Hochstand, verunsichert, wie ich mir das merkwürdige Verhalten erklären sollte. Auch Beihirsche haben zur Brunftzeit einen extrem hohen Testosteronspiegel, kommen aber nicht zur Abreaktion ihres Triebstaus, da sie durch den Sexualegoismus des Platzhirsches auf Abstand gehalten werden und leer ausgehen. Diese sexuelle Überspannung kann zu einer solchen Blindheit führen und hätte den armen Rehbock beinahe das Leben gekostet.

Gemessen an diesem Erlebnis ist ein Schiebekampf, der auf ein unblutiges Ende gleichstarker, sexuell überreizter Hirsche angelegt ist, ein von Natur aus ungefährliches Kräftemessen. Er wurde deswegen zur Metaphorik genutzt, ideologische Auseinandersetzungen um dogmatisch verfestigte Standpunkte darzustellen. So zeigt das Epitaph zum Gedenken an Nikolaus Kopernikus, den Schöpfer des heliozentrischen Weltbildes, einen Schiebekampf und meint den lange nach seinem Tod währenden Religionsstreit um das ptolemäische Weltbild mit der Erde im Mittelpunkt des Kosmos. Bekanntlich zog sich der theologische Disput bis zum Prozess Galileo Galileis 130 Jahre später hin, um sich dann erst zugunsten des heliozentrischen Weltbildes zu entscheiden. Begraben wurde Kopernikus im Frauenburger Dom im heutigen Frombork im Jahr 1581. Die mit zwei kämpfenden Hirschen illustrierte Grabinschrift wurde zwar im 18. Jahrhundert entfernt und blieb verschollen, ein später gefundener Kupferdruck überdauerte aber. Der unbekannte Künstler ahnte, dass der Streit um das Sonnensystem noch viele Generationen nach ihm beschäftigen würde, und signalisierte, dass sich das heliozentrische Weltbild nicht verbieten lässt.

Der Brunftkampf hat auf Menschen eine merkwürdige Anziehungskraft, die nicht allein durch das Getöse des Brunftkonzerts erklärbar ist. Sein Comment ist intensiv erforscht. Er findet sich in der blumig-amüsanten Beschreibung des Windmühlenkampfes Don Quijotes bei Cervantes in verblüffend treffender Weise wieder. Das Spektakel beginnt mit dem Rufen des heranziehenden Herausforderers. Ihm antwortet der Platzhirsch grimmig und beginnt mit seinen Läufen und

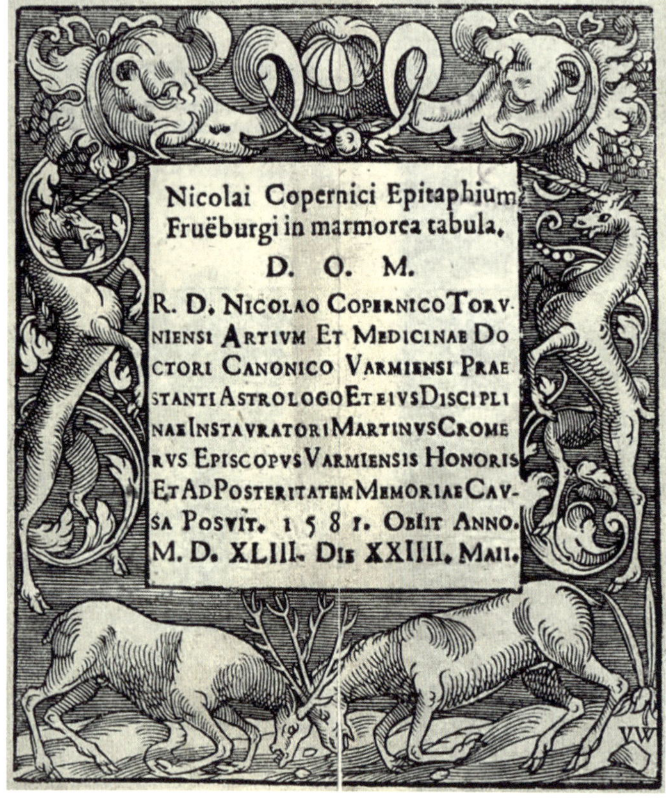

Nicolaus Copernicus, Epitaph. Der Schiebekampf der Rothirsche steht als Metapher für die ideologischen Auseinandersetzungen, wie wir sie heute in der Parteipolitik täglich erleben.

dem Geweih, den Boden aufzuwühlen und Erde in die Luft zu schleudern. Dabei zeigt er seine sexuelle Erregung mit ausgefahrenem Penis und wildem Harnspritzen. Sobald die Kontrahenten in Sichtkontakt kommen, verstummen sie und treten in einigen Metern Abstand in eine Parallelstellung, um sich von der Längsseite her zu imponieren. Dann erfolgt in ehrfürchtiger Stille der sogenannte Parallelmarsch über eine Distanz von etwa hundert Metern, um plötzlich blitzschnell durch Körperdrehung eines der beiden Kontrahenten in die direkte Konfrontation überzugehen. Der Kampf beginnt mit gewaltigem Stangenknallen, indem beide Hirsche gegeneinander anzuschieben beginnen. Längere Zeit beansprucht das ihre ganze Kraft und geht wie beim Seilziehen mal in diese, mal in jene Richtung, bis sich einer ermüdet löst, herumwirft und ohne sich umzuschauen das Weite sucht. Er wird nur wenige Meter vom gleichfalls ermatteten Sieger verfolgt, denn Imponieren kostet Kraft. Der Sieger röhrt triumphal hinterher und geht anschließend wieder zum Herden des Kahlwilds über, um ein Tier nach dem anderen zu begatten. Die Elemente des Kampfes zeigen eine deutliche, genetisch fixierte Ritualisierung: Der siegende Hirsch hält sogar gehemmt inne, wenn der Unterlegene strauchelt, anstatt ihn dann leichter außer Gefecht zu setzen.

Die Frage der evolutionsbiologischen Funktion des Geweihs ist darum bis heute unbeantwortet. Sie wird unter anderem in der Wiedererkennbarkeit der Rothirsche untereinander gedeutet, beweisen lässt sich dies aber nicht. Mitunter wird auch eine in der jüngeren Evolutionsgeschichte zurückgebildete Fähigkeit zur Markierung des Brunftreviers durch Geruchsfahnen in offener Landschaft darin erkannt. Hirsche neigen dazu, mit dem Geweih an ihren urin- und spermabenetzten Flanken entlangzufahren, um sich zu parfümieren. Diese Geruchsfahnen könnten über das hoch aufragende Geweih auf weite Distanz von Konkurrenten als Herausforderung zum Kampf oder als Reviersignal wahrgenommen werden. Nur, bewiesen ist auch das nicht. Bei Elchen hingegen spielt das nachweislich eine wichtige Rolle: Die einzeln lebenden Elche setzen über weite Entfernungen Signale ihrer Anwesenheit, um ihre Konkurrenten gezielt fernzuhalten. Ich habe ein solches Verhalten in der Alaska Range beobachtet und war beeindruckt über das Zusammenspiel von Fegen, Geweihleuchten und Geruchsfahne über weite Distanzen hinweg, freilich in locker bewaldeter, offener Landschaft. Wir hatten es bei einer der Tragetouren zum Schlauchboot nur noch bis zum steilen Abstieg zum Anlegeplatz geschafft, als die Dunkelheit hereinbrach. Schon Stunden vorher konnten wir in weiter Entfernung auf dem Gegenhang einen prächtigen Elch beobachten, der heftig fegte und uns wahrnahm. Er hielt immer wieder seine Geweihschaufeln leuchtend in die Abendsonne – vergleichbar einem Adler am Himmel. Hier bin ich, heißt bei beiden die Botschaft. Wir konnten beobachten, wie er den Kopf senkte und mit seinem Geweih wütend in die Erde fuhr. Später las ich bei dem führenden Elchwildbiologen Kanadas, Anton Bubenik, dass das kein Zufall war und Elche in einer Brunftkuhle ein Urinbett anlegen, um ihr Geweih in den Schlamm einzutauchen und so eine Geruchsfahne zu erzeugen. Nehmen sie einen Konkurrenten wahr, brechen sie zusätzlich mit ihren Vorderschalen die am Boden liegenden Trockenäste, um ein weit hörbares Knackgeräusch zu verursachen, da ihnen ein weittragender Brunftschrei fehlt. Uns blieb angesichts des Einbruchs der Dunkelheit nichts anderes übrig, als unsere Schlafsäcke auszurollen und bei Frost ein Nachtlager unter freiem Himmel zu bereiten. Wir führten bei jeder dieser Tragetouren im Grizzlyland eine Kugelbüchse zur eigenen Sicherheit mit uns und verabredeten eine Nachtwache am wärmenden Lagerfeuer. Ich hatte die Wache nach Mitternacht übernommen. Die meiste Zeit hielt ich das Feuer mit trockenem Holz auf gedämpfter Flamme, als ich lautes Astknacken hörte; ein Geräusch, das sich verdächtig auf uns zubewegte. Ich erzeugte mit grünen Zweigen ein helles Lichtfeuer, was aber die gegenteilige Wirkung zu haben schien. Die Geräusche kamen umso schneller näher, bis ich schließlich im Feuerschein den zuvor beobachteten mächtigen Elch erkennen konnte. Vom Knacken des Feuerholzes und dem Feuerleuchten angezogen, hielt er uns mit gesenktem Kopf für einen Konkurrenten. Bruno erwachte und wir versuchten mit lautem Rufen den Elch zu vertreiben. Es war zwecklos, bis uns nur noch das lodernde Feuer trennte. Es blieb uns als letzte unblutige Chance, dem Elch einige Schüsse auf seine Schaufeln zu setzen. Erst der dritte Schuss auf seine Schaufeln aus einer Entfernung von nur drei bis vier Metern veranlasste den Elchbullen, den Angriff auf seinen vermeintlichen Konkurrenten abzubrechen und das Weite zu suchen.

Wenige Wochen nach der Brunft klingt die sexuelle Überreizung infolge des sinkenden Testosteronspiegels wieder ab, was ab Mitte Februar den Geweihabwurf einleitet. Unmittelbar nach dem Abwurf wird der vormalige Platzhirsch selbst zum Gejagten seiner Beihirsche, die jede Scheu vor dem ehemals furchtgebietenden Brunfthirsch verlieren. Sie attackieren ihn mit den Vorderläufen und knuffen ihn mit ihren Geweihen, sodass man Mitleid bekommen kann. Er verzieht sich als Einzelgänger in einsame Einstände und tritt erst wieder selbst-

Dorè romantisiert den Hirsch in einen dunkeln, undurchdringlichen Wald, der nicht seinem bevorzugten Lebensraum entspricht.

bewusst in Erscheinung, sobald das Folgegeweih seinen Dominanzanspruch erneut signalisiert. Ähnlich unterwürfig reagieren senile Hirsche, deren Geweih sich dauerhaft zurückgesetzt hat. Der Geweihzyklus bereitet jedem Hirsch ein Wechselbad seiner Dominanzgefühle oder, aus menschlicher Sicht, seines Selbstwertgefühls: soeben noch stolzer Ritter, dann schon wieder bemitleidenswerter Prügelknabe, und das Jahr für Jahr.

Wer den Schaden hat, braucht sich bekanntlich um den Spott nicht zu sorgen. Fabeln sind zwar keine Spottgedichte, doch sie formulieren eine normative Weisheit oder spiegeln eine bereits bekannte allgemeine Lebensweisheit. Ihr Grundmuster basiert auf der Personifizierung eines Tieres oder einer Pflanze, die auf menschlicher Bildebene handelt. Der Leser wird quasi auf die Fährte der eigenen Lebenserfahrung gesetzt und schmunzelt angesichts der Selbstironie. Hirsche stehen eher selten im Zentrum von Fabeln, doch eine der beliebtesten Geschichten des französischen Meisters europäischer Fabeldichtung, Jean de La Fontaine, bildet eine Ausnahme. In *Der Hirsch, der sich im Wasser spiegelt* greift er auf Äsop, den griechischen Fabeldichter aus dem 6. Jahrhundert v. Chr. zurück. Bedeutsam ist das insofern, als sein Rückgriff die zentrale Bedeutung der Hirschmetapher schon seit der griechischen Zeit bis in unsere nachantike Kultur verdeutlicht. La Fontaine und Äsop lassen den Hirsch angesichts seines Todes über seine prächtige Erscheinung resümieren und ihn sein stolzes Geweih verwünschen. Eher untypisch, aber für La Fontaine offenbar wichtig, verstärkt er diese Selbstreflexion des Hirsches, indem er ein eigenständiges Epimythion hinzufügt – und damit nahelegt, was aus der Fabel zu lernen ist. Es greift die Vergänglichkeit der Imposanz des Hirschgeweihs auf und wägt das Schöne mit dem Nützlichen ab:

Ein Hirsch, der sich in eines Quelles
Kristall beschaut, war voll vom Preis
der Schönheit seines Hauptgeweihs;
das ihm wie Spindel dürr beinah
erschien, als er sein Bild im Wasserspiegel sah.
»Welch ein Verhältnis, wenn ich Fuß und Haupt vergleiche!«
Spricht er, voll Unmut sich betrachtend. – »In der Tat,
wenn mit der Stirn ich an der Bäume Krone reiche,
mein Fuß gereicht mir nicht zum Stand!« –
Während er so spricht, ergreift er
vor 'nem Spürhund schnell die Flucht;
durch den Wald, wo Schutz er sucht,
durch Gebüsch und Hecken streift er.
Doch sein Geweih hält ihn im Lauf –
Ein arger Schmuck! – fortwährend auf
und hindert seinen Fuß am meisten,
ihm Lebensretterdienst zu leisten.
Da widerruft er und verwünscht die Gabe, die
Der Himmel jährlich ihm verlieh.
Man schätzt das Schön', indem wir Nützliches mißachten –
Schönheit führt oft Gefahr herbei.
Die Füße schmäht der Hirsch, die doch behend ihn machten,
und preist sein schädliches Geweih.

Geweihe, so La Fontaine, sind für den Hirsch Schall und Rauch. Auf die Schnelligkeit seiner Beine kommt es an, so wie bei Bambi. Mit den Worten der Wildbiologie sagt er uns: Die Suche nach der Funktion des Hirschgeweihs bleibt unbeantwortet. Jäger und ihre Verbände sollten sich seine evolutive Zwecklosigkeit eingestehen und sich stattdessen der zentralen Frage der Rotwildhege widmen: dem Lebensraum.

Das Geweih, wie auch die Brunftmähne, der Brunftschrei, die Körpersilhouette, das Bodenstampfen, das Herumwirbeln des Geästs und nicht zuletzt die Harnmarkierung werden allein zum Imponieren eingesetzt. In dieser Nutzlosigkeit erschöpft sich die konkrete Funktion des Geweihs. Es ist seine Imposanz, eine Verschwendung von Körperenergie durch ein in Wahrheit unnützes Relikt, die es zum Objekt der Macht stilisiert. Ein Objekt, dessen rituelle Bedeutung sich in einem furiosen Sexualvorspiel erschöpft, also eine Seite im Mann anspricht, die im Leben wie in der Geschichte zentrale Kraftfelder der Männlichkeit erzeugt. Jedem Kenner mittelalterlicher Rituale drängt sich bei einer Hirschbrunft der Eindruck auf, einem Turnier stolzer, um die Minne buhlender, federgeschmückter und waffenstarrender Ritter des Hochmittelalters beizuwohnen. Auch dabei ging es nur um das Imponieren und die Aufmerksamkeit der auf den Zinnen versammelten Burgfräulein. Nichts anderes macht den Unterhaltungswert und die Attraktion einer Brunft für uns Männer aus. Das Geweih, die Trophäe an der Wand ist das, was als toter Knochen davon übrigbleibt – ein Fetisch. Die Malerei greift den Brunftschiebekampf als Motiv der Kraftverschwendung zur Metapher für männlichen Sexus und Macht auf. Edwin Landseer inszenierte ihn im Stil eines Gladiatoren-Kampfes. In seinem Gemälde *Nur der Mutige verdient die Achtung* (*None but the Brave Deserve the Fair*) malte er einen Schiebekampf um Leben und Tod

Landseer malte verschiedene Varianten des Schiebekampfes. Sie sind für ihn u. a. verschlüsselte Metaphern auf die zentrale Streitfrage des 19. Jahrhunderts: Republik oder Monarchie.

auf einem kleinen Hochplateau. Seine Konzeption drängt dem Betrachter die Frage auf, welcher Hirsch wohl die Schlucht hinabstürzen wird. Nicht weniger gespannt sind die Hindinnen auf den Hängen der Gebirgskulisse, die einer römischen Arena gleichen. Für sie scheint es um die sexuelle Macht des Platzhirsches zu gehen. Die Reliefenergie der Gebirgswelt und der aufgewühlte Himmel darüber signalisieren aber die wahre Herausforderung, nämlich die um Machterwerb und Machterhalt. Wie der Titel verrät, geht es Landseer nicht um die Macht sexueller Rivalität, sondern um die von Majestäten und den Widerstreit von Systemen: Republik versus Monarchie – das seit der Französischen Revolution das ganze 19. Jahrhundert beherrschende Thema.

In einem anderen Land

Der Rothirsch ist unser faszinierendstes und größtes Wildtier, die begehrteste Jagdbeute, ein unersättlicher Haremschef und eine mit verschwenderischer Pracht gekrönte Majestät. Als Symbol für die Macht des Hochadels musste er ebenso herhalten wie als Inbegriff unstillbaren Sexus sowie als Geißel des Landvolks. Schlussendlich avancierte er zum heimlichen Waldvernichter und vogelfreien Outlaw. Sein Geweih ist heute ein begehrtes Prestigeobjekt meist wohlhabender Weidmänner, die sich ein Pachtrevier im Meistgebotsverfahren leisten können: Es ist zentraler Angelpunkt ihres Tuns und des Jagdneides unter ihnen. Mit ihm wetteifern sie auf amtlichen Trophäenschauen um Medaillen und streiten um die behördliche Abschussfreigabe. Die Veranstaltungen sind der jährliche Höhepunkt jägerischer Repräsentation und der reale Grund für ihre Zusammenarbeit in Rotwildhegegemeinschaften und gleichzeitig wildbiologisch sinnwidrig. Für die Verantwortung des Jägers setzen sie die falschen Signale. Der Hirsch ist kein stolzer König der Wälder, sondern ein geschlagener Feldherr ohne Reich, tatsächlich ein Gefangener im Waldesdunkel. Von seiner Natur aus ist er ein Tier offener Landschaften und der Wald nur sein Lebensraum dritter Wahl. Angesichts festgelegter Rotwildbezirke kann in Deutschland von seiner Freiheit keine Rede mehr sein: Sein Exilreich wird ihm höheren Orts aus politischem Kalkül zugeteilt. Wenn er es verlässt, wird er vogelfrei. Tatsächlich ist er darum ein bejammernswertes Geschöpf – eher eine arme Sau, mit der niemand tauschen möchte. Ihn zu erlegen ist keine Kunst, wenn man ihm auf seinem Rückwechsel von der Fütterung oder der Äsungsfläche zurück in seinen Tageseinstand auflauert oder ihn bei Neuschnee einkreist und aus seinem Angstversteck herausdrückt. Wäre Jagd angewandter Naturschutz, wie die Jägerlobby behauptet, würde sie ihre Mitglieder an anderen Zielen orientieren als an der Trophäe. Jäger gerieren sich als Freunde, ja als Liebhaber des Rotwildes und wenden tatsächlich viel Geld und Zeit dafür auf. Welches Potenzial täte sich auf, wenn dies richtig eingesetzt würde? Vor diesem Hintergrund ist die Forderung nach der Aufhebung der Rotwildgebiete ein Danaergeschenk für den Hirsch, das am wenigsten seiner Freiheit dient. Er soll sich einen ihm zusagenden Lebensraum aussuchen dürfen! Das klingt verständnisvoll und treusorgend, ist aber in der Realität purer Hohn. Denn wo soll er sich hinwenden angesichts der real existierenden Kulturlandschaft, die tatsächlich eine Unkulturlandschaft ist. Geht es bei der Forderung also nur darum, mehr Jägern die Chance auf eine Trophäe über dem Sofa zu eröffnen?

Das meinte Joseph Beuys, der schwer verständliche Schamane unter den Künstlern des 20. Jahrhunderts, nicht, als er sein rätselhaftestes Werk *Blitzschlag mit Lichtschein auf Hirsch* schuf. Er hatte sich nie mit der Wildbiologie, geschweige denn der Jagd auf den Hirsch beschäftigt; das war nicht sein Metier. Er empfand das Verhältnis von Mensch und Hirsch als totemistische Kraftquelle, aus der sich die Ganzheit des Menschen in seiner Natur schöpfen lässt. *Blitzschlag mit Lichtschein auf Hirsch* ist sein schamanisches Vermächtnis.

Die raumfüllende Komposition, die unter anderem auf der Documenta in Kassel 1987 gezeigt wurde, konzipierte er noch, erlebte sie aber nicht mehr. Der Betrachter ist zuerst ratlos – was hat das noch mit einem Hirsch zu tun? Den von der Decke hängenden, siebenhundert Kilogramm schweren Blitzkeil aus dunkler Bronze mag man erkennen, aber der Hirsch ist abstrahiert auf eine gedrungene Bank, einem Bügelbrett ähnlich, aus silbrig glänzendem Aluminium. Beuys bezeichnete diesen letzten Hirsch seines Œuvres als »meinen ganz alten Hirsch«, der ohne Geweih und kriechend nichts Majestätisches signalisiert. Trotzdem steht er in leuchtendem Kontrast zum Blitzkeil – der von der Erde zum Himmel auffährt – und den undefinierbaren Bodenelementen um ihn herum, unförmige Objekte aus dunkler Bronze, die an Kothaufen erinnern. Sie stellen Protozoen dar und markieren den Geburtsmoment des Lebens in früher Erdgeschichte. Die Metaphern der Zerstörung, eine extrem abstrahierte Ziege und eine rätselhaft technisch konstruierte Figur, stehen am Rand.

Mit seinem *Environment* gelingt es Beuys, einen Raum zu schaffen, der »sich zur Kälte neigt«, der seine Zukunft hinter sich gelassen hat. Im physikalischen Sinn würde man das als Zustand der Entropie bezeichnen, also den Schlusspunkt der Biosphäre. Beuys verdichtet alles irdische Leben auf seinen Anfang und sein Ende, nämlich das, was die Kultur daraus macht, indem sie ihre natürliche Ganzheit aufgibt und ihre »realen Kräfte« zerstört. Sie beraubt sich dadurch der Kraftquelle ihrer eigenen Kreativität. Der hell glänzende, aber dahinsiechende Hirsch lässt seine strahlende Kraft noch erspüren. Sieht Beuys in ihm die letzte Chance, die Kraftbeziehung von Natur und

Austen zeigt den sichernden Brunfthirsch mit seinem Kahlwildrudel.

Kultur zu reanimieren? Ist sein »ganz alter Hirsch« die letzte Hoffnung auf die Ganzheit von Natur und Kultur?

Während ich diese Zeilen schreibe, bekomme ich die telefonische Zusage von Christian Vorreyer. Er ist Leiter des Gutsbetriebs Wildtierland in Klepelshagen und bereit, mich ins *Tal der Hirsche* zu führen. Auf dem Weg von Stralsund in die Uckermark im tiefen Osten der Republik, nahe an der polnischen Grenze, durchquert man die vorpommersche Agrarwüste; sie ist optisch tot, öde und schier unendlich. Hier gibt es tatsächlich menschengemachte Sandstürme, und sogar Hirsche, eingesperrt in Waldinseln. Eher skeptisch fahre ich die letzten Kilometer auf Landsträßchen durch sterbende Dörfer, die den einstigen Reichtum des Landes mit zerfallenden Gutshäusern und unheimlicher Menschenleere signalisieren. Hier ist die deutsche Wohlstandswelt zu Ende und die Rechtsradikalen erreichen zweistellige Wahlergebnisse. Es ist die Region Kontinentaleuropas mit der geringsten Bevölkerungsdichte, sprichwörtlich: einsame Spitze.

Ich bin wie elektrisiert, als ich in den perfekt restaurierten Gutshof einbiege. Überlebensgroß schaut mich ein prächtiger Hirsch von einem Plakat an, so groß wie ein Scheunentor. Darunter die Worte: *Ein Meisterwerk der Natur!* Hier, so schießt es mir durch den Kopf, ist einer zu einem ähnlichen Ergebnis gekommen wie Joseph Beuys. Hier wurde die Kraft des Hirsches für genauso bedeutsam gehalten wie von dem Schamanen. Der, der diese – im europäischen Maßstab einmalige – Stiftung ins Leben gerufen hat, war Haymo Gustav Rethwisch: ein Jäger von Kindesbeinen an, ein Selfmade-Unternehmer und typischer Vertreter des weltweit bestaunten deutschen

Mittelstandes. 2014 verstarb er, konnte aber zuvor noch das Hirschprojekt *Wildtierland Klepelshagen* konzipieren und beinahe achtzehn Jahre begleiten. Der Stifter verkaufte sein Unternehmen 1997 an einen Großkonzern und brachte mit Unterstützung seiner Frau Alice den größten Teil des Erlöses in Höhe eines fast dreistelligen Millionenbetrages in die gemeinnützige Stiftung ein. Er erwarb das heruntergekommene Hofgut Klepelshagen mit heute circa 2 600 Hektar Fläche, wovon circa tausend Hektar Wald sind, und widmete es dem Ziel, Naturschutz als Kulturaufgabe zu verwirklich, um beispielhaft einen artgerechten Lebensraum für sein geliebtes Rotwild zu schaffen. Der gesamte Gutsbesitz wird als zertifizierter Biolandbetrieb bewirtschaftet, alle Teilbetriebe des Gutsbetriebs sind Eigenbetriebe, die sich wirtschaftlich rechnen müssen. Mit dem Gut Klepelshagen, seinen Eigenbetrieben und dem Schullandheim wurden in der strukturschwachen Region außerdem sichere Arbeitsplätze geschaffen.

An ihren weiteren Standorten in Hamburg und Berlin widmet sich die Stiftung dem Natur- und Artenschutz. Sie veranstaltet Expertengespräche, gründete die Deutsche Naturfilm-Stiftung, gibt eine Fachschriftenreihe heraus, betreibt die wohl qualifizierteste Naturschutzwebseite deutscher Sprache und erhält im Rahmen des Nationalen Naturerbes weitere 1200 Hektar Naturwälder. Das macht die Stiftung zu einem Vorzeigemodell für die Effizienz privaten Naturschutzes.

Jäger nennen seit Jahrzehnten laut wiederkehrender Meinungsumfragen Naturliebe als Beweggrund ihres jagdlichen Engagements. Das galt auch für den Stifter, der allerdings seinen Blick zeitlebens auf die Ganzheit der Natur als Lebensraum des von ihm geliebten Rotwildes hatte wie nur wenige Weidmänner. Er setzte ein kulturelles Lebensraummodell gegen die Fehlentwicklung unserer Landnutzung, das sonst nirgends besichtigt werden kann. Das Rotwildmanagement der Stiftung wird von einem Berufsjäger hauptamtlich betreut. Der Jagdstress des Rotwildes wird systematisch durch eine auf vier Monate verkürzte Jagdzeit reduziert. Zusätzlich gibt es Jagdruhezonen im Umfang von zwanzig Prozent der Jagdfläche, in denen die Jagd unterbleibt; auch wird auf dem Hin- und Rückwechsel zu den Äsungsflächen nicht gejagt. Im Zentrum, dem Tal der Hirsche, kann man Rotwild in seiner majestätischen Gelassenheit tagsüber beobachten, weil es sich sicher fühlt. Auf Grundlage dieser freiwilligen Selbstbeschränkung ist die Jagdausübung so, wie sie bisher in keinem einzigen Bundesland Norm werden konnte. Der Hirsch wurde zur Leitart der Kulturlandschaftsentwicklung, um eine Zukunft für alle Wildtiere zu schaffen. Das gesamte Revier ist trotz intensiver Nutzung mit seinem Bestand an geschützten Arten inzwischen schutzwürdig im Sinne der Naturschutzgesetze. Nicht durch Schutz der Natur, sondern durch eine intelligente Kultur ist es für die Zukunft gewährleistet. Es hält den gesetzlich zulässigen Schutz- und Nutzungsregimen unserer Landschaft den Spiegel ihrer Fehlkonstruktion vor.

Das *Wildtierland Klepelshagen* braucht keinen Naturschutz, es erzeugt ihn. Doch ein Problem bleibt: Es ist zu klein, um einer isolierten Rotwildpopulation einen ausreichend großen Lebensraum zu garantieren. Auf meine Frage, wie sich die Rotwildhegegemeinschaft auf das Projekt einlässt, bläst Vorreyer frustriert Luft durch die Backen und meint: »Die kann man vergessen, die ist eine Farce!« Sie diskutiere das Unwesentliche ausführlich, nämlich die Verteilung der Abschussfreigabe der Geweihträger auf die beteiligten Reviere, sei aber hinsichtlich konkreter Initiativen zur Lebensraumgestaltung ein Totalausfall. Niemand würde bemerken, wenn man sie auflöste. Nicht einmal auf wirksame Selbstbeschränkungen bei der Jagdausübung, zum Beispiel zum Abbau des Jagdstresses für das Rotwild, könne man sich einigen. So bliebe alles beim Alten, und das Wildtierland sei für den Hirsch eine Insel der Glückseligen, die er nicht verlassen dürfe, um nicht sofort wieder zum vertriebenen Feldherrn ausgeräumter Agrarsteppen zu werden. Ohne starken politischen Umsetzungswillen sei auf die Schaffung eines ausreichend großen Lebensraums für eine interaktive, wandernde und sich austauschende Rotwildpopulation nirgends zu hoffen. Und das sei trotz salbungsreicher Worte nirgendwo in Sicht. So bleibt selbst in der dünnbesiedelten Uckermark der Hirsch weiter eine arme Sau, deren Leben auch künftig vom Sicherungstrieb und der Trophäenjagd bestimmt wird.

Das großräumige Lebensraumproblem ist zwangsläufig ein regionales und setzt einen Kulturlandschaftswandel in zusammenhängenden Größenordnungen von fünfzig- bis siebzigtausend Hektar voraus. Und es braucht den Einsatz erheblicher Mittel, die selbst eine wohlhabende Stiftung nicht stemmen kann. Das Problem wurde durch den Milliardeneinsatz fehlgeleiteter EU-Agrarsubventionen geschaffen und kann nur mithilfe gezielter Umsteuerung in agrarischen Modellregionen korrigiert werden – es würde sich lohnen. Der Hirsch als Leitart eines Kulturlandschaftswandels könnte eine weit unterschätz-

Carl Frederic Aagaard, Deer beside a Lake, *1888. Fragten wir die Hirsche, wie sie gerne leben würden, sie wählten Aargaards Landschaft.*

te Kraft zur Korrektur der Agrarpolitik mobilisieren. Und kaum zu glauben, am Niederrhein, im Grenzgebiet zu den Niederlanden, ja sogar grenzüberschreitend liegen seit mehr als einem Jahrzehnt wissenschaftliche Landschaftsinventuren auf dem Tisch, die Grundlage beispielhafter Planungen mit dem Hirsch als Leitart sind. Motor dieser revolutionären Ansätze waren nicht etwa Jäger oder Bauern, sondern Naturschützer.

»Freiheit für den Hirsch!«, forderte ausgerechnet ein Naturschützer, der auch noch – nomen est omen – Cerff heißt. Dietrich Cerff ist Leiter der NABU-Naturschutzstation in Kranenburg bei Kleve und hat sein Leben beruflich dem Naturschutz verschrieben. Mit dem Niederländer Henny Brinkhoff und dem

Forstamt Kleve hatte er die Idee, den gegatterten Reichswald zu öffnen und dem eingesperrten Rotwild Freiheit zu gewähren – vor allem auch zum Grenzübertritt in die Niederlande, also gewissermaßen aus dem deutschen einen europäischen Edelhirsch zu machen. Das mit Mitteln der EU geförderte Ketelwald-Projekt wurde gemeinsam mit einer Reihe niederländischer Projektpartner verfolgt. Ketelwald bezeichnete im Mittelalter den einst geschlossenen Waldzug zwischen Nimwegen und Xanten, dessen größtes verbliebenes Stück, der Reichswald Kleve mit circa fünftausend Hektar, heute in neofeudaler Manier als staatliches Jagdrevier komplett eingegattert ist. Die Niederlande kennen kein wildlebendes Rotwild und würden es gerne ihrer Bevölkerung in freier Natur erlebbar machen. Entsprechend waren das Kernanliegen eine Biotopvernetzung der Wälder um Groebeek mit dem Reichswald und die Schaffung eines lockeren Waldübergangs am Südrand in die dort vorherrschende ungegliederte Feldmark. Der Hirsch sollte wie in früheren Jahrhunderten jahreszeitlich wieder in die nahegelegenen Niederungen der Maas beziehungsweise des Rheins wandern dürfen. Die Planung beschrieb also einen gewaltigen Tiger im Absprung, der leider als Feldmaus landete. NRW-Umweltministerin Bärbel Höhn durchschnitt 2005 pressewirksam den Gatterzaun und eröffnete dem eingesperrten Rotwild eine erste Weidefläche außerhalb des Waldverbandes, nämlich ein gerade vierzig Hektar großes, landwirtschaftlich kaum nutzbares Feuchtgrünland. Das war bis heute alles und das typische Ende vieler gut gemeinter Projektansätze europäischer Zusammenarbeit: Aufwendig und engagiert vor Ort geplant, mit Pressewirbel vorgestellt und höheren Orts abgeheftet.

Ähnlich erging es dem nahegelegenen Naturpark Maas-Schwalm-Nette-Grenspark mit seinem Rothirschprojekt. Der deutsch-niederländische Naturpark im Städtedreieck von Maastricht, Mönchengladbach und seinem Sitz Roermond grenzt südlich fast an den Reichswald, und es hätte sich aufgedrängt, ihn später mit dem Ketelwald-Gebiet als geschlossener Lebensraum in einer Größenordnung von achtzig- bis hunderttausend Hektar zu verschmelzen. Der Park ist der erste Europäische Naturpark, gegründet durch einen Staatsvertrag von 1976, und wird zudem von einem Grenzgänger geführt, der mit seiner deutschen Frau in Düsseldorf lebt, in seiner Geschäftsstelle in Roermond arbeitet, selbst Niederländer, germanophil und auch noch überzeugter Europäer ist. Leo Reyrink weiß also, wovon er redet, wenn er von einem europäischen Biotopverbund spricht. Er war schon engagierter Vorkämpfer des im europäischen Maßstab einmaligen niederländischen Naturleitplans, der nicht weniger als 17,5 Prozent oder 750 000 Hektar der Staatsfläche der Niederlande in ein Verbundbiotop einbringen wollte. Der Plan wurde tatsächlich im Reichstag verabschiedet und mit Abermillionen an Investitionsmitteln ausgestattet, die die gewaltigen Maßnahmen bis zum Jahr 2018 ausfinanzieren sollten. Zahlreiche Renaturierungsprojekte unter Einbeziehung des grenznahen deutschen Bereichs, bis hin zum Bau von Wildquerungsbrücken über die A 40 Venlo/Duisburg, wurden vor Abbruch des Großprojektes tatsächlich umgesetzt. Der Naturleitplan dürfte trotz seines vorzeitigen Endes das umfangreichste Biotop-Renaturierungssystem in Europa sein, das je in Angriff genommen und in wesentlichen Teilen tatsächlich realisiert wurde. Ein noch ausstehendes Teilprojekt war die Wiederansiedlung von Rotwild als Leitart im Biotopverbund Schinveld-Mook. Der Naturpark unter Führung von Leo Reyrink identifizierte östlich der Maas die geeigneten Lebensräume und evaluierte die Verbundbereiche zur deutschen Seite. Aber auch dieses in seiner Größenordnung einmalige Projekt, welches erstmals dem Rotwild wieder ausreichend großen Lebensraum zur Verfügung gestellt hätte, wurde noch in der Anfangsphase aufgegeben. Es ging als Kollateralschaden mit dem politisch gewollten Ende des Naturleitplans unter. Mit Blick auf das wenige Jahre vorher ebenfalls gescheiterte Ketelwald-Projekt lässt sich schlussfolgern, dem Edelhirsch sei trotz guten Willens politisch kein Glück beschieden, und er müsse seine Rolle als der *Ritter von der traurigen Gestalt* behalten.

Der Abbruch dieser verheißungsvollen Ansätze war indessen zum Teil vorprogrammiert. In beiden Projekten wurden Landwirtschaft und Jagdverbände eher am Rande involviert und nicht ausreichend motiviert, sie sich zu eigen zu machen. Man ließ sie mit ihrer Skepsis politisch gewähren. Der Hirsch hatte zwar nach Meinung der Naturschützer das Zeug, ein politisches Kraftfeld zu erzeugen, welches die widersprüchlichen Interessen in der Landschaft zu überbrücken hilft. Seine Integrationskraft wurde indessen nicht entschlossen genug in das politische Zielfeld der fachlich überzeugenden Bemühungen gestellt. Infolgedessen musste ein Regierungswechsel sowohl in NRW als auch in den Niederlanden zur politischen Diskontinuität und zum Abbruch führen. Die ab dann beidseits der Grenze verantwortlichen konservativen Regierungen identifizierten sich nicht mit beiden Naturschutzprojekten ihrer Vorgänger und ließen es an politischer Entschlusskraft fehlen.

So richtig der Ansatz war, den Rothirsch zur Leitart einer integrierten Lebensraumgestaltung in der Kulturlandschaft zu machen, wie es die Deutsche Wildtier Stiftung ohne politische Rücksichtnahme idealiter verwirklichen konnte; hier fehlte die Kraft, ihn auch zur Leitart des politischen Konsenses widerstreitender Landnutzerinteressen zu machen. Der Schlüssel lag und liegt in der EU-Förderkulisse, die den Status quo zementiert. Es hätte eines gemeinsamen, parteiübergreifenden Willens beider Länder bedurft, die grenzüberschreitende Region zur Modellregion einer eigenen EU-Förderkulisse zu machen, um die betroffenen Nutzer vor Transformations- und Folgekosten wirksam zu schützen. Politische Diskontinuitäten spiegeln häufig diesen Fehler mangelnder politischer Stringenz wider, weil die Entscheider sich ihren jeweiligen Klientelen verpflichtet fühlen und jegliches Zustimmungs- oder gar Wahlrisiko zu umgehen versuchen. So auch hier – trotz der unbestrittenen Vorbildlichkeit beider Projekte und des jahrelangen Engagements vor Ort.

Andererseits vermag der Rothirsch eine gewaltige Integrationskraft im angespannten Verhältnis von Jagd und Naturschutz zu entfalten. Jagdliche Interessen formulieren sich parteipolitisch strukturkonservativ, während der Naturschutz im unverbrüchlichen Glauben an die Allmacht des Staates sich eher links reformatorischen Parteien zuwendet. Mit der Konsensleitart Hirsch wäre es politisch möglich, die Jäger für ein solches Lebensraumprojekt zu gewinnen, wenn das von Beginn an mit gegenseitiger Vertrauensbildung an zentraler Stelle verfolgt wird. Es kommt später auf die Jäger an, die freilebende Rotwildpopulation mit erheblichem Zeitaufwand und

Motiv mit unseliger Tradition: Der röhrende Hirsch kam als Ikone der neofeudalen Jagdreaktion seit Wilhelm II. auf und ist Symbol der Trophäenjagd.

finanziellen Mitteln zu limitieren. Ohne ihre Bereitschaft geht es darum nicht! Sie sehen Vertrauensbildung als Bringschuld an, denn sie erleben – erfahrungsgemäß nicht unberechtigt – den Natur- und Tierschutz als Jagdgegner. Dabei sind Jäger als Moderatoren zur Landwirtschaft, mit der sie sich traditionell in einem Boot vereint sehen, unersetzbar. Landwirte teilen deren Skepsis und Misstrauen. In ihren Augen ist der Naturschutz stets bemüht, die wirtschaftlichen Rahmenbedingungen konventioneller Wirtschaftsweise zu erschweren, ohne an die Folgen für die Ertragskraft der Betriebe zu denken. Er macht die Rechnung also ohne den Wirt. Ein großes, auf eine ganze agrarische Region angelegtes Lebensraumprojekt hat deswegen nur dann politische Erfolgschancen, wenn es von Beginn an durch den Konsens aller Beteiligten gegen die Gefahr wechselnder politischer Entscheider immun gemacht wird. Das ist die zentrale Herausforderung, wenn es gelingen soll, und verlangt vom Jäger ein neues Selbstverständnis. Er jagt in der Kulturlandschaft, deren Niedergang – insbesondere des Niederwildes vom Hasen und Fasan bis hin zum Rebhuhn – signalisiert, wo sein Problem liegt: im Verlust der Ganzheit von Natur einerseits und Agrar- und Forstkultur andererseits. Die Mehrzahl der jagdbaren Wildarten lässt sich als Kulturfolger klassifizieren, so auch Reh, Rothirsch und Wildschwein. Insofern verbindet den Jäger mindestens so viel mit dem Naturschutz wie mit dem Landnutzer. Das Selbstverständnis der Jagd heute sollte sich deswegen weniger als Nutzer, sondern als Profiteur einer reich gebärenden Kulturlandschaft definieren. Damit befindet sich die Jagd in einer Position der Mitte zwischen dem Schützer und dem Landnutzer. Er, der Jäger, hat also am Konsens von

Naturschutz und Agrarkultur selbst das größte Eigeninteresse. Der Hirsch droht nicht auszusterben, sondern er lebt artwidrig als vertriebener Herrscher ohne Reich und vermehrt sich trotz widriger Bedingungen unablässig weiter. Die Jagd auf ihn als wiederkäuendes, tagaktives und weit wanderndes Rudeltier halb offener Feld-Wald-Landschaften ist heute kaum noch irgendwo gewährleistet und schon deswegen ethisch nicht mehr begründbar. Erst recht nicht als Trophäenjagd! Der Trophäenjäger orientiert sein Töten atavistisch an einem irrationalen Luxus der Natur. Es wird zu Recht politisch hinterfragt und begründet die Forderung einer wachsenden Front von Jagdgegnern nach einem weitgehenden Jagdverbot. Trophäenjagd in einer verarmten, industrialisierten Kulturlandschaft ist in einer aufgeklärten Gesellschaft nicht mehr vermittelbar und gefährdet den gesellschaftlichen Konsens als Voraussetzung des Managements freilebender Wildarten durch die Jagd. Einerseits braucht die Gesellschaft den Jäger, möchte aber sein Tun rational verstehen können.

Das kapitale Geweih meines Elches, welches Bruno und mich einen ganzen Tag Schwerstarbeit in der Wildnis Alaskas kostete, um den frischen Oberschädel mit rund fünfunddreißg Kilogramm Gewicht im Wechsel zum Boot zu tragen, hängt heute auf der Südseite unseres Altstadthauses in Stralsund. Es verbleicht allmählich in der Sonne, so wie meine Erinnerung daran, dass auch meine Jagdbegeisterung in Kindheitstagen mit der Trophäenjagd im väterlichen Revier begann. Schon seit Jahrzehnten präpariere ich meine Gehörne und Geweihe nicht mehr. Jagen heißt für mich seit Langem, meine Verantwortung für eine artenreiche Kultur- und naturnahe Waldlandschaft wahrzunehmen. Zeitlebens habe ich meine spannendsten Jagderlebnisse in reicher Natur erlebt – in naturnahen, strukturreichen Wäldern, auf der Pirsch und bei der Drückjagd, bei der meine Schießfertigkeit gefordert war. Unvergleichlich sind meine Erinnerungen an die Naturlandschaften, in denen ich in jungen Jahren verschiedentlich gejagt habe.

Als Bruno und ich am Morgen nach der Erlegung meines Elches am Gegenhang an den am Vorabend im letzten Licht erlegten Elch herantraten, stieg ein Weißkopfseeadler in den Himmel auf, der sich auf dem zunächst nur geöffneten Wildkörper niedergelassen hatte. Überrascht streifte er in panischer Flucht mit der Schwinge einen Ast, und eine Schwingenfeder trudelte – wie scheinbar von ihm bedacht – auf den Wildkörper, wo sie liegen blieb. Ich hielt die Feder für den Aneigungsbruch des Adlers, der uns Jagdtouristen sagen wollte: Dies ist mein Reich, in dem ihr nichts verloren habt! Er hatte recht, und ich habe diesen Moment mein Leben lang nicht mehr verdrängt. Heute erinnert mich die Feder auf meinem Schreibtisch daran. Ich habe danach nie mehr in intakten Naturlandschaften gejagt. Jagd heißt seitdem für mich ausschließlich, die jagdbare, wildlebende Tierwelt unserer Kulturlandschaft zu nutzen und selbst meinen Beitrag zu leisten, dass sie sich vielfältig und für uns Jäger reich gebärend entwickelt – und natürlich als Lebensraum für den majestätischen Rothirsch.

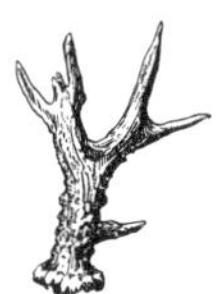

Reh
Capreolus capreolus

Deer
Cerf

Das hellrot leuchtende Reh fasziniert wie eine Primaballerina mit graziler Eleganz. Wenn es mit durchgedrückten Beinen und erhobenem Kopf auf die Wiese stakst, ist sein zierlicher Körper, der nur circa 25 Kilogramm wiegt, muskulös angespannt wie in einer Arabeske aus dem Lehrbuch des Balletts. Es stampft verärgert im Stil einer Attitüde, um danach in kraftvollem Galopp ins Dunkle zu flüchten. Rehe sind landläufig die kleinsten Hirsche, aber mit Abstand die verwöhntesten. Sie fressen nur das Feinste: Knospen und Baumkeimlinge. Ihre Population nimmt seit den Dreißigerjahren trotz Veränderung der Landschaft stetig zu. Sie sind die Profiteure allmählicher Klimaveränderung, denn die milden Winter können ihnen nichts mehr anhaben. Förster nennen das Reh darum *kleine rote Waldschere*; es kann eine natürliche Waldverjüngung komplett vernichten. Inzwischen werden Rehe ein echtes Problem, wenn man sie wenigstens in Höhe ihrer jährlichen Geburtsrate erlegen soll, damit ihr Bestand nicht weiter anwächst. Die deutsche Jahresstrecke beträgt bereits 1,4 Millionen Stück (einschließlich 250 000 Straßenopfern). Längst wurde das sympathische Reh zur Standardbeute des Jägers und liefert der Wildküche das schmackhafteste Fleisch.

1 m

Rothirsch
Cervus elaphus

Red deer

Cerfs rouge

Der Europäische Edelhirsch ist gesegnet mit einem Kronengeweih und darum der vermeintliche König des Waldes. Als tagaktives Steppentier wurde er vom Menschen zum Nachttier gemacht und in den Wald vertrieben. Schuld daran sind die industrielle Agrarlandschaft, die ihm keinen geeigneten Lebensraum bietet, und die jederzeit drohende Todesgefahr durch eine Jagd, die in seinem Geweih die Erfüllung aller Träume sieht. So lebt der Hirsch als Nachtgespenst verbannt im dunklen Forst, sodass wir ihn kaum noch zu Gesicht bekommen, obwohl er wieder so häufig vorkommt wie zuletzt im 18. Jahrhundert. Weil er als Wiederkäuer fünf bis sechs Mal täglich Raufutter zu sich nehmen muss, aber nicht kann, hat er sich zum Waldschädling und Streitfall zwischen Jagd und Forst entwickelt. Aus unserer Vorstellungswelt ist er trotzdem nicht wegzudenken und nimmt in der Werbung, im Wohndesign, in der Kunstgeschichte oder als Attraktion beim Familienbesuch im Wildpark einen festen Platz ein.

1 m

Weißwedelhirsch
Odocoileus virginianus

Whitetail deer

Chevreuil

Mit seinem nach vorn gebogenen Geweih macht der Weißwedelhirsch, oder auch Virginiahirsch, einen merkwürdig neugierigen Eindruck auf alles, was da kommt. Er spielt die Hauptrolle in Walt Disneys *Bambi*-Film, weil ihn jeder Amerikaner kennt und sein geflecktes Kalb einem Rehkitz, wie in Felix Saltens Buchvorlage, zum Verwechseln ähnlich sieht. Der Weißwedelhirsch ist über weite Teile Nord-, Mittel- und Südamerikas beheimatet und wurde in vielen Ländern der Erde künstlich ausgewildert – nicht aber in Deutschland. Nach vorsichtigen Schätzungen bevölkern bis zu 25 Millionen Weißwedelhirsche die Wildbahn gemäßigter und subtropischer Zonen. Das circa 140 Kilogramm schwere Tier ist im Verhalten vergleichbar mit unserem Reh. Es setzt zwei bis drei Kälber jährlich in seine aufregende Welt, und sein staunender Blick mit tiefdunklen Augen täuscht seine Neugier nicht etwa nur vor. Seine Sinne sind unübertroffen scharf gestellt auf jeden Reiz seiner Umwelt, sei er noch so unbedeutend. Dank dieser Geschenke der Natur, gepaart mit einer ungeheuerlichen Fluchtgeschwindigkeit von bis zu 60 Stundenkilometern, hat sich der Weißwedelhirsch den amerikanischen Kontinent nördlich des Amazonas bis ins bitterkalte Montana und Kanada nach weitgehender Ausrottung zurückerobert. Und so ist er tatsächlich der sowohl häufigste wie gleichzeitig am schwierigsten zu fotografierende Hirsch, dem Sie begegnen können.

1 m

Europäischer Elch
Alces alces

Moose

Élan

Der Elch ist mit seiner bis zu 1,4 Meter breiten Geweihauslage der Gigant unter den Hirschen und der typische Vertreter licht bewaldeter, borealer Wälder. Er gleicht seinem kleinsten Verwandten, dem Reh, und lebt genauso eremitisch. Wenn er Unterwasserpflanzen mampfend, unerwartet wie ein U-Boot aus den Fluten eines Sees auftaucht, erinnert sein triefender, 500 Kilogramm schwerer Körper an ein rezentes Urgeschöpf und gleicht einem vorzeitlichen Fabelwesen. Mit seinem langhaarigen Fell und seinen mit scharfen Schalen bewehrten Läufen ist er ein wehrhafter Gegner, dem selbst ein Wolfsrudel nichts anhaben kann. Sein Kehlbeutel, die Glocke, schwankt bei jeder Bewegung im Wind wie ein Kirchengeläut. Wahrlich ein lebendes Fabelwesen. Es verwundert daher nicht, dass er immer häufiger anstelle des Rens den Schlitten von St. Nikolaus ziehen muss und dem Kuschelhasen im Kinderzimmer scharfe Konkurrenz macht. Begünstigt durch das Nahrungsangebot der Landwirtschaft geht der Elch schnurstracks auf Fernwanderung und denkt nicht daran, einem Auto aus dem Weg zu gehen. Das Ergebnis sind meist tödliche Unfälle – nicht nur für ihn selbst. Diese Erfahrung bescherte einer bekannten Automobilmarke den Elchtest. Der Elch passt also kaum in unsere Zivilisationslandschaft, obwohl er immer häufiger darin gesichtet wird. Aber bekanntlich heißt es ja: Denn die größten Kritiker der Elche waren vormals selber welche!

1 m

Ren
Rangifer tarandus

Reindeer, caribou
Renne, caribou

Mit dem Ren assoziieren die meisten unter uns die halbdomestizierten Rentierherden der Samen. Tatsächlich ist es aber die weltweit von Natur aus weitverbreitetste wilde Hirschart – nämlich rund um den Polarkreis. Rentiere sind Gendersonderlinge in der Familie männlicher Geweihträger, denn als einzige Hirschart trägt beim Ren auch das Weibchen ein Geweih. Die Bullen schieben im Vergleich zum weiblichen Tier aber das deutlich stärkere, mit dem sie Brunftkämpfe auf Leben und Tod ausführen. Mit der senkrechten Verbreiterung des Geweihs, der Augsprosse oder sogenannten Schneeschaufel, schieben sie Moose und Kräuter im lockeren Schnee frei. Wichtiger sind aber ihre scharfkantigen Hufe, mit denen sie vereisten Schnee aufschlagen können. Ihre Neigung, sich jahreszeitlich zu Zigtausenden, so zum Beispiel die Karibus Alaskas oder Kanadas, auf Wanderungen in mildere Zonen zu begeben, ist Anpassung an ihre kalte Lebenswelt und für die Familie der *Cerviden* untypisch. Auf ihrem Zug lassen sie sich weder durch reißende Flüsse noch durch steile Gebirge aufhalten. Mit einem Körpergewicht von bis zu 300 Kilogramm, einem wärmenden Haarkleid und mit 41 Grad Celsius Körpertemperatur können sie sogar Extremtemperaturen trotzen. Halbdomestizierte Rene prägen die indigenen, nordischen Kulturen und – wie bei uns der Rothirsch – die Kitschkultur Skandinaviens. Wilde Rene gibt es in Europa nicht mehr; weltweit ziehen aber noch mehrere Millionen ihre Fährte.

1 m

Damhirsch
Dama dama

Fellow deer

Daim

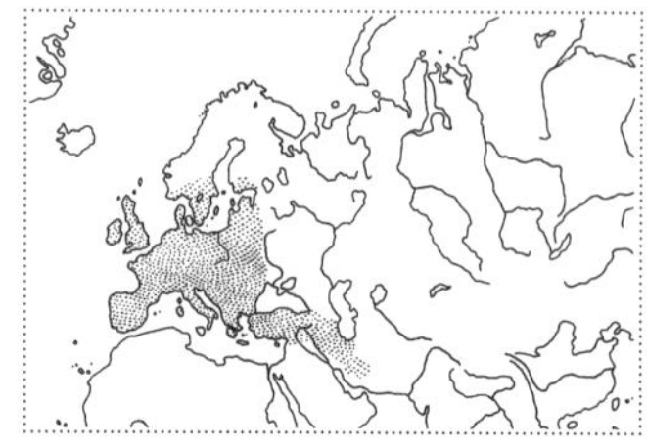

Unsere Damhirsche verdanken ihre europäische Verbreitung der feudalen Jagdlust des Mittelalters. Ihre natürliche Heimat war Kleinasien, wo sie fast vollständig ausgerottet wurden. Der Damhirsch ist also Gewinner der Jagdlust – seines Geweihs wegen. Im Rudelverhalten gleicht er dem Rothirsch, auch wenn seine Fluchttendenz und sein Sicherungstrieb nicht an ihn heranreichen. Er lässt sich darum gut beobachten und macht es dem Jäger leicht, ihn bei Tag anzupirschen und zu erlegen. Er liebt lichte, sonnige Laubhochwälder entsprechend seiner warmen, trockenen Ursprungsheimat.

Im Wechselspiel von Licht und Schatten kommt ihm das gefleckte Sommerfell zur Tarnung ebenso zugute wie sein lebhaftes Schwanzspiel. Mit ihm gibt er ungewollt lustige Signale zur Flucht an das Rudel. Der dann steil aufrecht stehende Schwanz ist auf der Unterseite weiß und vergrößert so den vorher bedeckten weißen Spiegel.

Die kleinen, nur maximal 150 Kilogramm schweren Hirsche brunften für den Rotwildjäger enttäuschend unspektakulär, nämlich mit einem rollenden Grunzen, das keine erhebenden Gefühle aufkommen lässt. Seine hohe Vermehrungsrate mit Zwillingsgeburten macht ihn besonders geeignet, neue Lebensräume schnell und dauerhaft zu besetzen. Es verwundert darum nicht, wenn von den circa zweihunderttausend Individuen auf der Welt der größte Teil – auch als Erbe sozialistischer Jagdlust – heute im deutschen Forst lebt.

1 m

Literatur-auswahl

Erwin A. Bauer: ***Majestäten der Wälder – Hirsche Europas und Nordamerikas,*** Reutlingen 1996.

Joachim Beninde: ***Zur Geschichte des Rothirsches,*** Leipzig 1937.

Joseph Beuys: ***Blitzschlag mit Lichtschein auf Hirsch 1958–1985,*** Düsseldorf 1986.

Wilhelm Bode, Elisabeth Emmert: ***Jagdwende. Vom Edelhobby zum ökologischen Handwerk,*** München 2000.

Wilhelm Bode: ***Die anerkannten Grundsätze Deutscher Weid-gerechtigkeit gem. § 1 Abs. 3 BJagdG – ein trojanisches Pferd der völkischen Rechtserneuerung im Jagdrecht?,*** in: *Jahrbuch für Agrarrecht 2015,* S. 33–121, München 2016.

Alfred Brehm: ***Illustriertes Tierleben,*** 2. Band: *Die Säugethiere*; Hildburghausen 1865, Faksimile Stuttgart 1979.

Friedrich Brein: ***Der Hirsch in der griechischen Frühzeit,*** Wien 1969.

Anton B. Bubenik: ***Ernährung, Verhalten und Umwelt des Schalenwildes,*** München 1984.

Anton B. Bubenik: ***Das Geweih. Entwicklung, Aufbau und Ausformung der Geweihe und Gehörne,*** Hamburg / Berlin 1966.

Wilfried Bützler: ***Kampf- und Paarungsverhalten, soziale Rangordnung und Aktivitätsperiodik beim Rothirsch (cervus elaphus L.),*** Berlin / Hamburg 1974.

Hans Darb: ***Das Hirschsymbol. Psychologische Studie über die Entstehung und die Wirkung des Symbols,*** Trient 1974.

Walt Disney: ***Bambi. Der Film,*** Walt Disney Corporation 1942.

Bernhard Domagalski: ***Der Hirsch in spätantiker Literatur und Kunst,*** Münster 1990.

Marie Luise Kaschnitz: ***Die Wahrheit, nicht der Traum. Das Leben des Malers Courbet,*** Frankfurt am Main 1978.

Gerhard Kohl: ***Jagd und Revolution,*** Frankfurt am Main 1993.

Silke Krohn: ***Der Hirsch. Popularisierung und Individualisierung eines Motivs,*** Weimar 2008.

Arno Paffrath: ***Die Hubertuslegende,*** Hamburg / Berlin 1979.

Ferdinand v. Raesfeld, Friedrich Vorreyer: ***Das Rotwild,*** Hamburg / Berlin 1978.

Mark Rosenthal: ***Joseph Beuys. Blitzschlag mit Lichtschein auf Hirsch,*** Frankfurt am Main 1991.

Gerhard Schack: ***Der Kreis um Maximilian I.,*** Hamburg / Berlin 1963.

Albert Schug: ***Gustave Courbet,*** Hamburg / Berlin 1967.

Horst Stern: ***Sterns Stunden,*** München 1989.

Ulmer Museum (Hrsg.): ***Der Löwenmensch. Tier und Mensch in der Kunst der Eiszeit,*** Sigmaringen 1994.

Franz Vogt: ***Das Rotwild,*** Wien 1947.

Egon Wagenknecht: ***Der Rothirsch,*** Wittenberg 1983.

Beat Wimer, Sandra Badelt (Hrsg.): ***Diana und Actaeon. Der verbotene Blick auf die Nacktheit,*** Düsseldorf 2008.

Helmuth Wölfel: ***Turbo-Reh und Öko-Hirsch: Tierisches & Menschliches,*** Graz 1999.

Hubert Zeiler: ***Herausforderung Rotwild,*** Wien 2014.

Abbildungsverzeichnis

Seite 75 *Der deutsche Jäger.* Gustave Courbet, 1859.

Seite 78 *Darstellung eines Hirschgeweihs.* Sándor Szapáry de Szapár, 1901.

Seite 83 *Cervus dama.* Harry Hamilton Johnston: British mammals, 1903.

Seite 87 *Roe deer.* Richard Lydekker: Wild life of the world, London 1916.

Seite 90 *Stag or Red Deer.* Brehms Tierleben, 1893.

Seite 94 *Hirschkopf mit deformiertem Geweih an einer Steinwand,* Jean-Baptiste Oudry, 1750.

Seite 96 *Verschiedene Stufen des Rehgeweihs.* Naturhistorischer Bildatlas, Leipzig 1892.

Seite 97 *Entwickelung des Edelhirschgeweihs.* Meyers Großes Konversations-Lexikon, 6. Aufl. 1905–09.

Seite 99 *Abnormes Damhirschgeweih, von vorn gesehen.* Jean-Jaques Bachelier, 1757.

Seite 103 *König der Berge.* E. Dichtl, Postkarte von 1941.

Seite 106 *Kopernikus-Epitaph* im Frauenburger Dom, 1581.

Seite 110 *Le cerf se voyant dans l'eau.* Gustave Doré, 1868.

Seiten 114/115 *(Night) Two Stags Battling By Moonlight.* Edwin Henry Landseer, 1853 © Philadelphia Museum of Art: The Henry P. McIlhenny Collection in memory of Frances P. McIlhenny, 1986, (1986-26-282).

Seite 120 *Red Deer.* Winifred Austen in: Frank Finn: The wild beasts of the world, London 1909.

Seite 125 *Deer beside a Lake.* Carl Frederic Aagaard, 1888.

Seite 130 *Red Deer.* Archibald Thorburn: British mammals, London 1920–21.

Seiten 135–151 Illustrationen von Falk Nordmann, 2018.

Wilhelm Bode, 1947 in Westfalen geboren, ist Jurist und Diplom-Forstwirt, leitete die Landesforstverwaltung und die oberste Naturschutzbehörde des Saarlandes. Er veröffentlichte zahlreiche Bücher zur Zukunft des Waldes, der Jagd und Forstwirtschaft, unter anderem (mit Elisabeth Emmert) *Die Jagdwende* (C. H. Beck).

NATURKUNDEN № 46
Erste Auflage Berlin 2018

NATURKUNDEN
herausgegeben von Judith Schalansky
erscheinen bei Matthes & Seitz Berlin
ermöglicht durch Jan Szlovak, Hamburg

EINBAND UND TYPOGRAFIE Pauline Altmann, Berlin
nach einem Entwurf von Judith Schalansky
TITELILLUSTRATION Pauline Altmann, Berlin
SCHRIFT Ingeborg von Michael Hochleitner/Typejockeys
LITHOGRAFIE Tomas Mrazauskas, Berlin
HERSTELLUNG Hermann Zanier, Berlin
PAPIER 100 g/m² Fly 04 hochweiß, 1,2 faches Volumen
EINBANDMATERIAL Napura® Khepera von
Winter & Company GmbH, Lörrach
DRUCK UND BINDUNG Pustet, Regensburg

ISBN 978-3-95757-672-9

www.naturkunden.de
www.matthes-seitz-berlin.de